우연이 만든 세계

A Series of Fortunate Events

우연이
만든
세계

지구와 생명,
지금의 우리를 만든
다행스러운?! 사건들

션 B. 캐럴 지음 | 장호연 옮김

코쿤북스

일러두기

1. 모든 주는 원주이다.
2. 인명, 지명 등 외래어는 국립국어원의 외래어표기법을 따랐다. 단, 일부 단어들은
   국내 매체에서 통용되는 사례를 참조했다.

내가 이와 같은 주제의 글을 쓰도록 자극을 준

동생 피트를 위해,

부디 형편없는 글이 아니기를.

우리는 우연에 의해 살아가며, 우연의 지배를 받는 존재다.

— 세네카(기원전 4~기원후 65)

살았든 죽었든 모든 사람은 순전히 우연의 소산이다.[1]

— 커트 보니것(1922~2007)

목차

들어가는 말 : 우연의 난감함

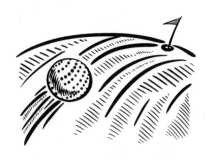

모든 일이 일어나는 데는 다 이유가 있다고 말하는 사람이 있으면,
나는 계단에서 아래로 떠밀고는 이렇게 물어본다.
'내가 왜 이랬는지 이유를 알겠어요?'

— 스티븐 콜베어

1996년 자신의 첫 프로 대회인 그레이터밀워키오픈에 출전한
타이거 우즈는 188야드 파3 14번 홀 티샷을 하기 위해 6번 아이
언을 골랐다. 비록 선두에 15타나 뒤져 있었지만 장래가 촉망되
는 스무 살의 이 천재를 보러 수많은 갤러리들이 몰려들었다. 우
즈는 공을 공중으로 띄웠다. 핀에서 6피트 옆에 떨어진 공은 왼
쪽으로 한 번 튀고 나서는 그대로 홀컵으로 빨려 들어갔다. 관중
들의 함성이 몇 분간 이어졌다.[1]
　하지만 골프 역사상 가장 유망하게 경력을 시작한 사람은 따
로 있었다.

김정일 장군 동지는 1994년 평양 골프클럽에서 생애 처음으로 라운드에 나서서 다섯 차례 홀인원을 기록했다고 한다.[2] 미래의 북한 최고지도자인 그는 이날 총 38언더파를 기록했으며 어떤 홀에서든 아무리 못해도 버디는 쳤다.

여기서 가능한 결론은 둘밖에 없다.[3]

(1) 타이거 우즈는 그리 대단한 존재가 아니다.

(2) 누군가가 거짓말을 하고 있다.

북한 사람들을 제외하면 어느 쪽이 맞는 말인지 알아내기는 어렵지 않다.

우즈의 기록을 좀 더 살펴보면, 우리는 그가 24년간 활동하면서(그동안 그는 80개가 넘는 투어 대회에서 우승했다) 세 차례 홀인원을 했음을 알게 된다. 골프 통계에 따르면 프로 골프선수가 파3홀에서 홀인원을 할 확률은 2,500분의 1이다. 우즈는 프로선수로 대략 5,000회 파3홀에 나섰으므로 기대치는 두 번의 홀인원이다. 그러니 그의 세 차례 홀인원 기록이 그리 대단한 것은 아니다. 하지만 아마추어 골프선수가 홀의 종류에 상관없이 홀인원을 할 확률은 12,500분의 1이다.[4] 같은 라운드에서 두 차례 홀인원을 할 확률은 2600만분의 1, 네 차례나 홀컵에 바로 집어넣을 확률은 2경 4000조(24뒤에 0이 15개 붙는다)분의 1이다.

김정일의 다섯 차례 홀인원 기록이 한층 놀랍게 여겨지는 것은 대부분의 18홀 코스가 그렇듯이 평양 골프클럽에도 짧은 파 3홀은 네 개밖에 없다는 점이다.[5] 다른 홀들은 거리가 최소한 340야드다. 그러니 이런 데서 다섯 차례 홀인원을 했다는 작은 체구의 독재자는 실로 괴력의 소유자가 아닐 수 없다.

그가 기록한 득점표의 신빙성에 의문을 나타내기 위해 복잡한 확률과 통계를 이해하거나 골프 경기 규칙을 훤히 꿰고 있어야 하는 것은 아니다. 마찬가지로, 우리는 젊은 시절 그가 김일성대학에서 3년간 공부하면서 1,500권의 책을 쓰고 여섯 편의 오페라를 작곡했다는 주장이 터무니없음을 판단하는 데 어려워하지도 않는다. 한 라운드에서 홀인원을 다섯 차례나 했다는데 그런 그가 무엇인들 못했겠는가?[6]

오류에 속아 넘어가다

김정일(혹은 그의 후계자)에 관한 이야기의 진실을 꿰뚫어보는 것은 쉽지만, 다른 영역에서는 확률과 게임을 어느 정도 이해하고 있어야 손해를 보지 않는다. 우리가 애써 모은 돈이 날아갈 수도 있기 때문이다.

카지노는 항상 사람들로 북적인다. 매년 3000만 명이 자신의 운을 시험하려고 라스베이거스를 찾아 룰렛, 키노, 크랩스, 바카라, 슬롯머신 등 우연에 좌우되는 여러 게임들을 즐긴다.[7] 카지노업장의 이익률은 1퍼센트(크랩스)에서 30퍼센트(키노)에 이른

다. 그래서 그들이 고객들에게 피라미드, 곤돌라, 상어 수족관, 불
꽃놀이, 저렴한 뷔페를 제공하고, 브리트니 스피어스에게 하룻밤
공연료로 50만 달러를 줄 수 있는 것이다.[8]

하지만 우리는 승산이 희박하다는 것을 충분히 알면서도 어렵
게 번 돈을 기꺼이 건다. 주사위나 바퀴, 혹은 전자장비로 작동하
는 이런 순수한 우연의 게임에서조차도 대부분의 사람들은 자신
이 '행운'의 숫자를 고름으로써, '대세'에 베팅함으로써, 나올 차
례가 된 색깔이나 숫자를 선택함으로써 승산을 높일 수 있다고
믿거나 그런 것처럼 행동한다.

이런 과정은 어떻게 작동할까? 누군가 룰렛을 하는데 검은색
숫자가 연이어 다섯 번 나왔다고 하자. 검은색이 '대세'이므로 검
은색을 계속 선택해야 할까? 아니면 이제 빨간색이 나올 차례이
므로 빨간색으로 바꿔야 할까?

검은색이 연이어 열 번 나왔다면 베팅이 바뀔까? 연이어 열다
섯 번 나왔다면?

이것은 실제로 있었던 일이다. 1913년 8월 18일, 몬테카를로
카지노의 룰렛 테이블에서 검은색 숫자가 믿기지 않게 연달아
나왔다. 유럽의 룰렛 바퀴에는 검은색 숫자가 18개, 빨간색 숫자
가 18개, 녹색 숫자 '0'이 하나 있으므로 빨간색과 검은색 숫자가
나올 확률은 거의 절반이다. 검은색 숫자가 연이어 열다섯 번 나
오자 도박꾼들은 이제 기세가 꺾일 때가 되었다고 확신하여 빨
간색에 점점 더 많은 판돈을 걸었다. 그러나 바퀴는 계속해서 검

은색 숫자에서 멈추었다. 도박꾼들은 스무 번이나 똑같은 검은
색 숫자가 나올 확률은 백만분의 1도 되지 않는다는 것을 알고는
두 배, 세 배 판돈을 키웠다. 그러나 바퀴는 스물여섯 번이나 검
은색이 나오고서야 행진을 멈추었다. 카지노 측은 엄청난 돈을
챙겼다.[9]

몬테카를로 카지노에서 벌어진 이 사건은 '몬테카를로의 오
류'(혹은 '도박사의 오류')라는 이름으로 교과서에 나온다. 어떤 사
건이 기대치보다 더 자주 발생하는 일이 한참 동안 계속되면 앞
으로는 반대의 결과가 더 자주 벌어질 것이라고 믿는 것이다. 하
지만 주사위를 던지거나 룰렛 바퀴를 굴리는 것 같은 **무작위적**
사건의 경우에는 각각의 사건이 앞서의 사건과 독립적이므로 이
런 믿음은 잘못된 것이다.

우리의 뇌는 아주 막강함에도 이런 단순한 현실에는 제대로
대처하지 못한다. 몬테카를로 사건이 지금보다 순진한 옛날에
있었던 단발적 사례라고만 생각한다면, 2004~2005년에 이탈리
아를 들썩이게 했던 사건은 어떨까. 이탈리아 전국 복권 수페르
에날 로또는 당시 1에서 90까지의 숫자에서 50개를 고르는 방식
으로 운영되었고, 열 개 도시의 지역 복권에서 5개씩 당첨 번호
가 나왔다. 베네치아에서 53이라는 숫자가 일 년 넘게 나오지 않
자 이탈리아 전역에서 리타르다타리오(지연된 숫자)에 베팅하는
사람들이 급속도로 많아졌다. 열기가 얼마나 달아올랐는가 하면
가족의 예금을 몽땅 쏟아붓거나 거대한 빚을 지는 사람들도 생

겨나게 되었다. 거액의 손실에 망연자실한 한 여성은 토스카나에서 강에 몸을 던졌다. 피렌체 근처에 사는 한 남성은 가족을 살해하고 스스로 목숨을 끊었다.

마침내, 거의 2년가량 경과하여 152회의 추첨이 진행되고, 53에 걸린 판돈이 35억 유로(한 가구당 200유로)를 넘어가고 나서야 베네치아에서 그 번호가 나와서 한 국가를 '집단적 정신병'으로 몰아간 광풍이 끝났다.[10]

우리가 게임에서 무작위성에 대처하기 어려워하는 것은 실생활의 결정으로도 이어진다. 딸만 갖거나 아들만 가진 부모 가운데 다음에는 다른 성별의 자식이 태어나리라는 희망(기대까지는 아니고)에 한 명을 더 낳으려는 사람이 얼마나 많은가? 그러나 동전 던지기와 마찬가지로 아기의 성별도 무작위적 사건에 가깝다. 내가 '가깝다'고 말하는 것은 자연적인 성비를 보면 51대 49로 아들이 살짝 많기 때문이다.[11]

몬테카를로의 오류는 심리학자들이 인지 편향이라고 부르는 것 — 우리가 세상을 바라보는 방식을 왜곡시키는 사고의 오류 — 의 전형적 예다. 도박을 할 때 이런 편향은 우리가 무작위적 결과에 통제력을 행사한다고 오해하게 하여 승산을 과대평가하게 만든다. 많은 연구를 통해 우리의 인지 편향과 이에 대한 반응이 정상적인 뇌의 배선에 따른 것임이 밝혀졌다. 실험실의 심리 연구와 현장(카지노)에서 실시한 연구 모두 숫자의 연속과 관련하여 몬테카를로의 오류가 있음을 확인했다. 아울러 거액의

상금을 간발의 차이로 놓치면 동기부여가 강해져서 게임에 더 매달리게 된다는 것도 알아냈다.[12]

이런 잘못된 사고는 우리의 뇌가 매일매일 패턴을 지각하고 사건들을 연결하는 일을 하는 데 맞춰져 있기 때문이라는 설명이 있다. 우리는 이렇게 연결을 인식하여 사건들의 연속을 설명하고 미래를 예측한다. 사정이 이러하므로 실은 무작위로 정해진 독립적인 사건들인데도 의미 있는 패턴이 있다고 쉽게 속아넘어갈 수 있다.

그러니 인간이 무작위적 우연과 아주 복잡한 관계를 갖는 것은 우리의 생명 활동과 관련되는 문제다. 한편으로 우리는 우연의 게임을 즐긴다. 그 과정에서 당연히 질 수도 있지만 그것은 그저 운이 나빠서라고 받아들인다.

하지만 다른 한편으로 우리가 이기면 — 많은 사람들은 매일 승리를 맛본다 — 전혀 다르게 해석하곤 한다. 행운은 그저 우연의 셈 때문도, 도박 '전략'에서의 그릇된 확신 때문도 아니다. 다른 힘이 관여한 것이다. 어떤 사람은 훌륭한 인격이나 행동에 따른 보상이라고 본다. 어떤 사람은 신이 자신의 기도에 답했다고 여긴다.

캘리포니아의 트럭운전사 티머시 맥대니얼의 사연을 보자. 2014년 3월 22일 토요일, 맥대니얼은 아내를 심장발작으로 잃었다. 다음 날 그는 '럭키 포 라이프' 복권 세 장을 구입했다. 복권을 긁어보니 65만 달러 당첨이었다. 그는 이렇게 말했다. "아내가 아이들(손자손녀들)을 계속해서 잘 보살펴달라고 이 돈을 내게 보냈다고 생각합니다."[13]

맥대니얼의 가슴 아픈 사연은 삶과 죽음이라는 더 큰 게임에서 우연이 한층 더 예민한 문제임을 말해준다. 많은 사람들이 우연을 완전히 배제하고, 맥대니얼이 기자들에게 말했듯이 "모든 일은 다 이유가 있어서 일어난다"고 믿는 편을 택한다.[14]

그러나 모든 사람이 그렇지는 않았다.

우연의 왕자

자크 모노는 몬테카를로에서 해안을 따라가면 나오는, 역시 카지노로 유명하고 나중에는 영화제로 이름을 떨치게 되는 도시인 프랑스 칸에서 자랐다. 영화배우 못지않은 외모 — 저명한 프랑스 기자는 할리우드의 아이콘 헨리 폰다를 닮은 그를 가리켜 '왕자'라 칭했다 — 에 상당한 음악 재능과 탁월한 지성까지 갖춘 모노는 20대에 자신이 어떤 길을 걸을지를 두고 고민이 많았다. 프랑스 레지스탕스에서 뛰어난 활약을 펼치기도 했던 모노는 결국 배우나 음악가가 아니라 생물학자로 명성을 얻었다. 그는 유전자의 작동에 관한 맹아적 발견으로 1965년 노벨생리의학상을 공동 수상했다.

분자생물학 분야를 개척한 모노는 1950년대와 1960년대 초에 생물의 특성을 결정하는 분자들에 관한 잇단 발견들을 접했다. 그와 몇몇 사람들이 '생명의 비밀'이라고 부른 것이었다. 그는 숫자가 많지는 않지만 그 분야의 연구를 주도한 각국의 학자들과 가까운 사이였다. 예를 들어 제임스 왓슨과 프랜시스 크릭이 1953년에 DNA(디옥시리보핵산)의 구조를 밝혀냈을 때, 모노는 왓슨이 그 쾌거를 맨 처음 알린 사람 가운데 한 명이었다.[15]

그러나 자국 문화의 깊은 철학적 전통에 심취해 있던 프랑스인으로서 모노는 과학을 그저 과학적 동기로만 보지는 않았다. 전쟁이 끝나고 나서 그는 프랑스 최고의 철학자이자 작가인 알베르 카뮈와 친구가 되었고, 두 사람은 좌안의 카페에서 인간 실존의 문제들을 탐구했다. 모노는 대중이 과학의 주요 목적을 기술의 창조로 오해하고 있다고 느꼈다. 오히려 그는 기술이 과학의 부산물에 불과하다고 믿었다. 그는 이렇게 말했다. "과학의 가장 중요한 결과물은 인간과 우주의 관계를 바꾼 것, 혹은 인간이 우주 속에서 자신을 바라보는 방법을 바꾼 것이었다."[16] 카뮈도 이런 관점에 마찬가지로 깊은 관심을 보였다.

모노는 새로운 분자생물학이 특히 유전의 영역에서 심오한 철학적 의미를 담고 있다고 생각했다. 이제까지 더 넓은 문화에서는 거의 주목하지 않았던 문제다. 카뮈가 일찍 세상을 떠나고 모노가 노벨상을 받고 몇 년이 지나서 그는 일반인들에게 현대 생물학의 의미를 전하는 책을 쓰기로 결심했다.

"'생명의 비밀'이 …… 낱낱이 밝혀졌다. 이는 상당한 의미가 있는 사건인 만큼 현대인의 사고방식에도 강력히 반영되어야 마땅하다."[17]

모노는 최신의 DNA 연구와 유전 암호 해독에서 얻어진 통찰을 몇 장에 걸쳐 기술했다. 그는 이런 지식이 대부분의 독자들에게 낯설다는 것을 알고는 부록을 첨부하여 단백질과 핵산의 화학구조를 소개하고 유전 암호가 어떤 식으로 작동하는지에 대한 기초 지식을 제공했다. 그는 객관적인 문체를 사용하여 유전적 돌연변이라는 것을 DNA 텍스트, 그러니까 유전자를 구성하는 화학적 염기서열(ACGTTCGATAA 등등)에서 우발적으로 일어나는 변화 — 치환하고 더하고 빼고 재배열하는 — 로 설명했다.

그러고는 DNA에서 돌연변이가 일어나는 방식이 갖는 포괄적인 함의로 곧장 넘어간다. 모노는 111페이지에 걸쳐 배경지식을 설명하고 나서, 500년 과학 역사상 가장 강력한 견해를 피력하므로 여기서 그의 말을 상세하게 인용할 가치가 있다(모든 강조 표시는 원문을 따랐다).

"우리는 이런 사건을 우발적인 것, 그러니까 임의적으로 일어나는 것이라고 말한다. 그리고 이것은 유전적 텍스트에서 변화가 일어나는 **유일하게** 가능한 원천을 이루므로, 그리고 유전적 텍스트야말로 다음 세대로 유전되는 유기체 구조의 **유일한** 저장고이므로, **오로지** 우연만이 생물권에서 벌어지는 모든 혁신, 모든 창조의 원천이라는 게 필연적인 결론이다."[18]

"순전한 우연, 절대적으로 자유롭지만 맹목적인 우연, 이것이 진화라고 하는 엄청난 체계의 뿌리에 자리하고 있다. 현대 생물학의 이런 핵심적인 개념은 가능하거나 생각해봄직한 여러 가설 가운데 하나가 더 이상 아니다. 오늘날 생각할 수 있는 **유일한** 가설이다. 관찰되고 시험되는 사실에 들어맞는 것은 이것밖에 없다. 그리고 이와 관련하여 우리의 입장이 언젠가 수정될 수도 있다는 추정 내지 희망에는 전혀 근거가 없다."[19]

"모든 과학 분야를 통틀어 인간 중심적 세계관에 이보다 더 파괴적인 타격을 주는 개념은 없다."

핵심을 말하자면, 그때까지 생화학과 유전학에서 (주로 단순한 박테리아 연구를 통해) 밝혀낸 믿기 어려운 발견들로 인해 지난 2,000년간 인간을 창조의 중심이나 정점에 두었던 철학과 종교가 뒤집혔다. 모노는 이렇게 썼다. "인간은 셀 수 없이 많은 우발적 사건들이 만들어낸 산물이었다. 거대한 몬테카를로 게임에서 우리의 숫자가 예기치 못할 때 마침내 튀어나온 것에 불과하다."[20]

『우연과 필연』은 1970년 10월 프랑스에서 출간되었다. 철학과 유전학을 다룬 여러 장들이 있었고 부록은 화학식들로 빼곡한 제법 전문적인 책이었다. 이제 첫 저술을 낸 모노는 어떤 반응을 기대해야 할지 몰랐다.

상상도 못했던 난리가 났다.

프랑스 곳곳에서 수십 개 리뷰 기사가 나왔고, 책은 곧바로 베스트셀러가 되었다. 그보다 더 팔린 화제작은 프랑스어로 번역된 에릭 시걸의 『러브스토리』밖에 없었다(과연 프랑스답다). 영어로 번역되고 나서 리뷰 기사와 모노의 인터뷰가 영국과 미국을 대표하는 여러 신문과 잡지에 게재되었다.

많은 평자들은 우연이 인류의 기원과 목적을 설명하는 전통적인 견해에 위협이 된다는 것을 곧바로 알아보았다. 저명한 신학자로 전향한 영국의 생화학자 아서 피코크가 보기에 자크 모노는 "20세기 들어 유신론을 향해 가장 강력하고 가장 영향력 있는 공격"[21]을 가한 것이었다. 『우연에 반대한다: 모노의 우연과 필연에 대한 응답』,[22] 『우연과 필연을 넘어』,[23] 『신, 우연, 그리고 필연』[24] 같은 제목을 단 책들과 논문들이 연이어 나왔다. 모노는 프랑스와 외국의 텔레비전, 라디오, 신문에 초대되어 철학자들, 신학자들과 논쟁을 벌였다.

미국의 칼뱅파 신학자이자 목사인 R.C. 스프로울은 『창조인가 우연인가』라는 책의 첫머리에서 우연이 제기한 급박한 문제를 일목요연하게 정리했다.

"신을 대체하기 위해 반드시 우연이 지배해야 하는 것은 아니다. 사실 신을 폐위시키려 한다면 우연은 굳이 권위에 기댈 필요가 없다. 그런 일을 하려면 존재하기만 하면 된다. 그저 우연이 존재하는 것만으로도 신을 우주의 권좌에서 끌어내리기에 충분하다. 우연은 지배할 필요가 없다. 권력을 행사할 필요가 없다. 우연이 그렇게 무능하고 미천한 하인으로 존재하기만 해도, 신은 유효기간이 다할 뿐만 아니라 실직 상태에 내몰릴 것이다."[25]

200페이지 이상 뒤로 넘기면 스프로울은 이렇게 결론을 내린다. "우연이 진정한 힘이라는 생각은 그릇된 신화다. 현실에 기초를 두고 있지 않으며 과학적 탐구에서 설 자리가 없다. 과학과 철학이 계속해서 지식의 발전을 이루려면 우연의 실상이 결단코 확실하게 밝혀져야 한다."[26]

스프로울을 비롯한 비판가들은 과학자들이 우연이라고 인식한 것이 그저 진정한 원인을 모르는 상황, 그러니까 지식의 부재를 반영한 것이라고 주장했다. 어쩌면 이것은 모노가 넌지시 밝혔던 희망을 표현한 것인지도 모른다. 그는 과학자들이 더 많은 것을 알아감에 따라 우연의 역할에 관한 우리의 입장이 어떻게든 수정되리라고 기대했다.

두 번째 기회

이어지는 50년은 모노나 그를 비방한 사람들이 희망했던 대로 전개되지 않았다. 이 프랑스인은 분자생물학에서 얻어진 새로운 통찰이 현대 사회에 전환점이 되리라 생각했다. 자연계의 원인들에 대한 전통적인 믿음에서 벗어나 무작위성과 우리의 우연한 존재를 포괄하는 믿음으로 나아가는 발판이 되리라 생각했다.

하하! 어림없는 희망이었다. 『우연과 필연』이 일으킨 흥분과 난리법석은 곧 가라앉았고, 모노는 몇 년 뒤에 세상을 떠났다. 설문조사에 따르면 대다수 미국인들은 여전히 세상 모든 일이 그분의 뜻에 따라 일어난다고 믿는다.[27]

그러나 모노를 비판했던 자들도 안심할 수는 없다. 생물권과 인간의 삶에서 우연의 역할은 수정되어왔지만, 그 범위나 방향은 그들이 가졌던 바람과는 전혀 맞지 않았다. 우연은 모노나 다른 누구도 상상하지 못했던 영역으로 자신의 범위를 넓혀갔다.

우리는 지구의 역사와 활동에 대해 더 많이 알아갈수록 생명의 경로에 온갖 우주적 사건과 지질학적 사건이 끼어들었음을 발견하고는 놀라고 있다. 이런 사건들이 없었다면 우리는 여기 없었을 것이다. 우리는 인류의 역사를 배우면서 전염병과 가뭄, 기타 문명을 뒤바꾼 격변들이 도저히 일어나지 않을 법한 자연의 무작위적 사건들로 인해 촉발되었음을 본다. 그리고 우리는 인간의 생명 활동에 대해 알아보고 개개인의 목숨을 좌지우지하는 요인들을 살펴보면서 (간발의 차이일 때가 많은) 삶과 죽음을 갈라놓은 것이 우연임을 본다.

이 책에서 나는 모노가 말할 수 없었던 이야기들을 하려고 한다. 행성 수준에서 분자 수준에 이르는 놀라운 발견들을 소개하고, 전 지구적 대격변의 이야기, 인간을 포함하여 모든 생명체의 모든 세포 내에서 작동하는 우연의 기제에 대해서도 이야기할 참이다. 이런 발견들은 안락한 인간 중심적 세계관을 몰아내지만, 우연의 이야기는 뭔가 있어 보이는 철학을, 혹은 신학자들의 희망사항을 반박하는 것을 훌쩍 넘어선다. 책을 읽으면서 여러분도 내 말에 동의하게 되기를 바란다.

아울러 여러분이 경외심을 느끼기를 바란다. 소행성들이 지구에 부딪히고, 대륙이 충돌하고, 빙하와 바닷물 수위가 재빠르게 오르내리는 위력과 드라마에, 우리의 짧은 삶으로 알아차릴 수 있는 것보다 훨씬 불안정한 행성에서 우리가 산다는 (그리고 거기서 벗어날 수 없다는) 깨달음에, 우리가 지구에서 함께 살아가는 경이롭고 아름다운 모든 생명체들의 바탕에 무작위적 우연이 존재한다는 사실에, 각각의 사람들을 있게 만든 눈에 보이지 않는 독특한 사건들에, 얼마 전까지도 수렵채집 생활을 하며 극도로 혼란스러운 기간을 버텨온 우리 인간이 최근 50여 년 만에 이 모든 것을 알아냈다는 사실에 경외심을 느꼈으면 좋겠다.

여기서 나의 목표는 종합적이지 않으면서 전체를 이해할 수 있게 하는 것이다. 세상이 원래 이런 모습이라거나 다행스럽지만 우연한 사건들이 연속적으로 쭉 이어진 덕분에 우리가 여기 있는 것이라고 주장하는 것은 하나 마나 한 이야기다. 설명의 힘은 구체적 사례에서 나온다. 이런 사건들 가운데 몇몇을 분석하여 어떻게 생명의 방향을 만들었는지 살펴볼 필요가 있다. 책의 구성은 단순한 3부의 논리를 따른다. 먼저 생명의 조건을 만든 무생물적 외적 우연의 사건들로 시작하고(1부 "어쩌다 벌어진 일"), 이어 모든 생명체에서 이런 조건에 적응하도록 하는 내적 무작위적 기제를 알아본 다음(2부 "실수들의 세계"), 마지막에 개인적 차원으로 이야기를 끌고 가서(3부 "23의 비밀") 우연이 우리의 삶과 죽음에 어떻게 영향을 미치는지 알아본다. 우연에 휘둘리는 우리의 존재는 인간이 세상의 중심이라는 오랜 믿음을 뒤흔들며, 우리의 삶의 의미와 목적과 관련하여 도전적인 질문들을 제기한다. 후기에서 나는 특별한 손님들의 도움을 받아 가능한 몇 가지 대답을 내놓을 것이다.

이것은 상대적으로 얇은 책이지만 실로 대단한 발상을 담고 있다. 과학은 몇 세기에 걸쳐 실로 대단한 몇 가지 발상을 우리에게 안겨주었지만, 그런 발상들은 재미있는 방식으로 받아들여졌다. 다윈은 이해하기 아주 쉽고 심지어 증거들도 사방에 널려 있는 멋진 생각을 했지만, 그것을 믿지 않으려는 사람들이 여전히 많다. 아인슈타인은 참신한 아이디어를 냈는데, 이해하는 사람이 드물고 증거도 많지 않은 상황에서 모든 사람들이 그것을 믿는 척한다. 모노는 멋진 아이디어를 냈음에도 불구하고 오늘날 (학자들을 제외하면) 대부분의 사람들은 그의 이름조차 들어보지 못했다.

그러므로 부디 이 얇은 책이 우연의 두 번째 기회가 되기를 바라는 마음이다.

1부

어쩌다 벌어진 일

1장 모든 우연의 어머니

파충류 시대가 끝난 것은
충분히 오래 이어진데다 애초에 실수로 벌어진 일이었기 때문이다.[1]

— 윌 쿠피, 『멸종되는 법』(1941)

2001년에 세스 맥팔레인은 아직 크게 반응을 얻지는 못한 애니메이션 시트콤 「패밀리 가이」의 기획자이자 원작자였다. 스물일곱이라는 어린 나이에 연예계의 큰 무대에 안착한 그는 9월에 모교인 로드아일랜드 디자인 스쿨의 초청으로 연설을 하게 되었다. 연설을 마치고 나서 그는 몇몇 교수들과 술을 마시러 갔고 술자리는 밤늦도록 이어졌다.

다음날인 9월 11일 아침, 맥팔레인은 보스턴에서 로스앤젤레스로 가는 8시 15분 비행기를 타려고 서둘렀다. 그런데 비행기는 사실 7시 45분 출발이었다. 여행사에서 잘못된 정보를 알려준 것이었다. 공항에 늦게 도착한 그는 다음 비행기를 예약했고 승객용 라운지에서 깜빡 잠이 들었다. 깨어나 보니 세계무역센터 북쪽 타워가 화염에 휩싸였다는 뉴욕발 보도로 승객들이 놀라 소란이 벌어져 있었다. 조금 뒤에 타워를 들이받은 비행기는 보스턴을 출발하여 로스앤젤레스로 가는 '아메리칸 항공 11편'으로 확인되었다.[2] 맥팔레인이 놓친 바로 그 비행기였다.

영화배우 마크 월버그도 같은 비행기를 예약해둔 터였다. 당시 월버그는 「퍼펙트 스톰」과 「부기 나이트」 같은 영화로 이름을 알린 신예 스타였는데, 그와 몇몇 친구들은 계획을 바꿔 전세기를 타고 토론토 영화제에 갔다가 나중에 로스앤젤레스로 돌아갔다.[3]

그로부터 11년 뒤에 맥팔레인과 월버그는 의기투합하여 영화 「19곰 테드」를 만들었다. 그렇다면 이 두 사람 모두 아메리칸 항공 11편을 놓치고 나중에 히트 영화를 함께 만들 확률은 얼마나 될까? 그들이 대량 학살을 면한 것은 그저 운이 좋았던 걸까, 아니면 더 큰 목적이 있었을까? 그러니까 대마초를 피우고 음담패설을 지껄이는 곰 인형을 보며 우리의 삶이 풍요로워지게 하려고? 아니면 5억 달러가 넘는 수입으로 영화업계의 배를 채워주려고?

맥팔레인 본인은 그렇게 생각하지 않는다. "술은 우리의 친구이다, 그게 그 이야기가 주는 교훈입니다."[4] 그가 말했다. "나는 숙명론자가 아닙니다."

운이라 해도 좋고 우연이라 해도 좋다. 맥팔레인이 공항에 늦게 도착한 것은 순전히 우발적인 사고였다. 개인적으로 엄청난 결과를 초래하긴 했지만 말이다. 희생자와 생존자, 삶과 죽음이 간발의 차이로 결정될 수 있다고 생각하면 정신이 번쩍 든다. 그의 경우에는 30분이 그와 같은 차이를 만든 것이다.

자연에도 생사를 가르는 간발의 차이가 있다. 그저 개체(먹잇감을 생각해보라)나 생물종만이 아니라 자연계 전체에 해당하는 말이다. 도시 외곽을 운전하다 보면 암반 사이를 뚫고 도로가 나 있는 것을 보게 된다. 대부분의 사람들은 역사의 시기들이 우리를 빤히 쳐다보는 것을 모르고 넘어가기 쉽다. 하지만 암석들(여러 색깔일 때가 많다)이 포개진 이런 지층은 이야기를 들려준다. 그것을 어떻게 읽어야 할지 안다면 말이다.

298번 지방도로는 이탈리아 중부 움브리아주의 매력적인 중세 도시 구비오 바로 외곽에 있는 석회암 협곡을 굽이굽이 돈다. 1970년대 중반에 지질학자 월터 앨버레즈는 도로에서 아주 가까운 암석 기둥을 관찰하다가 흥미로운 패턴을 보았다(그림 1.1). 그는 석회암이 켜켜이 쌓인 암석층의 한 지점에서 색깔이 바뀐 것을 알아챘다. 아래는 흰색이고 위는 붉은색이었는데 더 가까이서 관찰하자 회색빛이 도는 독특한 진흙층이 두 색깔의 암석을 갈라놓은 것이 보였다. 1센티미터 두께의 이 얇은 층을 앨버레즈가 해독하면서 20세기의 가장 놀랍고도 혁명적인 과학적 발견 가운데 하나가 이루어졌다. 지난 1억 년의 세월을 통틀어 지구에서 가장 중요했던 날의 이야기가 여기에 담겨 있었다. 그날

그림 1.1. 이탈리아 구비오의 도로 절개면

석회암 노두에 서 있는 루이스 앨버레즈와 월터 앨버레즈. 월터(오른쪽)가 밖으로 노출된 백악기 석회암을 만지고 있다.

구비오의 K-Pg 경계층. 아래에 있는 더 오래되고 화석이 풍부한 흰색 백악기 암석층과 위쪽에 있는 더 어두운 고제삼기 암석층을 화석이 없는 얇은 진흙층(동전으로 표시)이 중간에서 나눈다.

은 대다수 생물에게는 너무도 지독하게 불운한 날이었지만, 우리에게는 극히 다행스러운 날로 밝혀졌다. 까마득히 오래 전인 바로 그날, 30분이 모든 것을 바꿔놓았다.

두 세계를 나누는 경계선

지질학자들이 암석을 확인하는 하나의 방법은 안에 포함된 화석을 살펴보는 것이다. 구비오 지층은 예전에 고대 해저의 일부였으므로 유공충이라고 하는 자그마한 생물의 껍질이 굳은 화석을 포함하고 있다. 다량의 이 단세포생물은 바다의 플랑크톤을 이루며 먹이사슬의 일부가 된다. 유공충이 죽으면 껍질이 바닥에 퇴적물로 쌓여 석회암의 일부가 된다. 오랜 세월이 흐르는 동안 껍질의 크기와 모양이 다른 여러 종의 유공충이 존재했으므로 이를 통해 암석이 형성된 연대를 추정할 수 있다.

구비오 외곽의 암석을 들여다본 앨버레즈는 흰색 암석층에는 크기가 큰 여러 유공충들이 포함된 것을 보았다. 그러나 바로 위의 붉은색 암석층에는 이런 종들이 없었고 훨씬 작은 유공충들만 드물게 보였다(그림 1.2). 그리고 두 색깔의 암석 사이에 있는 얇은 진흙층에서는 화석이 전혀 발견되지 않았다. 앨버레즈는 짧은 기간에 많은 유공충 종을 멸종으로 몰아간 극적인 일이 바다에서 일어났음을 알아차렸다.[5]

구비오에서 1,000킬로미터 거리에 있는 스페인 남동부 해안의

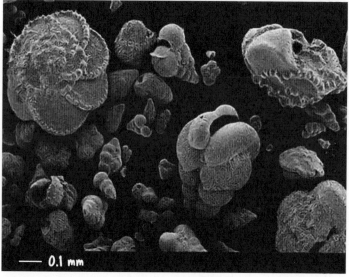

그림 1.2. 고제삼기의 유공충(위)과 백악기의 유공충(아래)
월터 앨버레즈와 얀 스미트는 백악기가 끝나는 시점과 고제삼기가 시작하는 시점 사이에 유공충의 크기와 다양성이 갑작스럽게 바뀐 것에 흥미를 느꼈다.

카라바카에서 네덜란드 지질학자 얀 스미트는 암석에 포함된 유공충 화석에서 비슷한 변화의 패턴을 확인했다. 게다가 스미트는 유공충이 없는 지층이 지질학과 지구 역사에서 잘 알려져 있는 경계층과 일치한다는 것을 이해했다. 그것은 두 세계를 나누는 경계선이었다.

경계층 아래에 있는 것은 백악기 암석이다. 백악질의 지층이 많이 발견되어 그런 명칭으로 부르며, 공룡이 육지를 지배하고 익룡이 하늘을 날아다니고 해룡이 바다에서 암모나이트(앵무조개와 가까운 종)를 잡아먹던 파충류 시대의 마지막 세 번째 시기를 이룬다. 경계층 위에 있는 것은 고제삼기 암석이다. 여기에는 이런 생물들이 전혀 포함되지 않으며 포유류 시대의 시작점이 된다. 이때부터 털 달린 동물들이 번성하여 육지와 바다를 지배하게 된다.

백악기-고제삼기 경계층(예전에는 K-T 경계층이라 불렀고 간단히 줄여 K-Pg 경계층이라고 한다)은 공룡, 익룡, 해룡, 암모나이트의 멸종만을 의미하지 않는다. 지금으로부터 6600만 년 전에 지구에 살았던 모든 종의 4분의 3이 사라진 대멸종이었다. 앨버레즈와 스미트, 그들의 동료들은 궁금했다. 대체 어떤 사건이 유공충 같은 자그마한 생물에서 훨씬 몸집이 큰 생물까지 싹쓸이하여 사라지게 만들 수 있었을까?

그것은 외계에서 왔다

짧게 답하자면 여러분도 아마 들어봤을 텐데, 지구에 있는 무언가가 아니라 외계에서 온 무언가가 대멸종을 일으켰다는 것이다.

하지만 여러분이 신문 헤드라인이나 교과서에서 보는 이런 짤막한 대답은 발견이나 사건이 얼마나 대단한 일인지 제대로 보지 못하게 하며, 6600만 년 전에 벌어졌던 이 사건이 세계와 인류라는 종의 이야기에서 우연의 역할을 이해하는 데 왜 그렇게 중요한지 말하지도 않는다.

앨버레즈와 스미트, 그들의 동료들은 두 시기의 경계를 이루는 신흙의 화학 성분을 분석하여 지구에는 드물지만 특징한 종류의 소행성에 많이 분포하는 이리듐이라는 원소가 다량으로 포함되어 있음을 밝혀냈다.[6]

경계층에 포함된 이리듐은 지구가 6600만 년 전에 소행성과 충돌했고 그 여파로 먼지가 날려 이탈리아와 스페인 전역에 떨어졌을 가능성을 제기했다. 그와 같은 시나리오에 감정적으로 휩쓸리기 전에 다른 K-Pg 경계층을 둘러보고 거기에도 이리듐이 있는지 찾아보는 것이 급선무였다. 아니나 다를까, 앨버레즈가 덴마크 코펜하겐과 뉴질랜드의 어느 도시 외곽에 노출된 경계층에서 이례적으로 높은 이리듐 수치를 확인했다.

월터 앨버레즈의 아버지이자 맨해튼 프로젝트 참가자, 노벨물리학상 수상자인 루이스 앨버레즈는 경계층에서 발견된 이리듐의 양을 가지고 지구를 그 정도의 이리듐(그림 1.1을 보라)으로 덮으려면 소행성 크기가 어느 정도여야 하는지 계산했다. 그는 소행성의 지름이 10킬로미터(6마일)에 이른다고 보았다.[7]

지구의 지름(13,000킬로미터)과 비교하면 그렇게 큰 물체가 아닌 것처럼 보일 수도 있다. 상대적인 크기로 보면 2층짜리 주택과 비비탄 총알의 차이와 같다. 그러나 결정적으로 다른 점이 있다. 소행성은 시속 5만 마일이라는 훨씬 빠른 속도로 움직인다는 것이다. 불덩이는 대기에 진입하면서 어마어마한 충격을 지구에 가해 폭 120마일 깊이 25마일의 구멍을 냈다. 그리고 충돌의 결과 엄청난 양의 부스러기와 먼지가 대기 안과 밖으로 날려 태양빛을 완전히 뒤덮었다. 세계는 급속도로 차가워졌고 식물의 식량 생산이 멈추었다.

앨버레즈와 스미트, 동료들은 소행성 충돌로 대멸종이 일어났다는 시나리오를 1980년에 제기했다. 혁명적이고 급진적인 가설이었다. 지나치게 급진적인 발상이라는 사람도 있었다. 1800년대 초부터 시작된 현대 지질학은 그동안 지구에서의 변화가 점진적으로 일어났다는 것을 강조해왔다. 느리지만 점진적인 과정이 오랜 세월 누적되어 거대한 변화들을 만들 수 있었다는 입장이었다. 성경에서 말하는 홍수와 다른 재앙의 이야기들 대신에 지질학 연구가 자리를 잡았다. 재앙급 사건이 일어나서 생명의 역사를 곧바로 다시 쓴다는 생각은 대다수 과학자들이 받아들이기에 불편하고 터무니없는 것이었다.

그림 1.3. 콜로라도 남부의 K-Pg 경계층
이것은 멕시코의 충돌 현장에서 날아온 분출물(흰색 층)이 포함된 육지퇴적물이다.

충돌구의 문제도 있었다. 폭이 120마일이라면 커다란 구멍인데 그 시대로 추정되는 그 정도 크기의 충돌구는 알려진 바가 없었다. 그런 증거가 없는 상황에서 비판가들은 버티기가 용이했다.

그러나 그 이후로도 노출된 K-Pg 경계층이 계속해서 발견되고 연구되었다(그림 1.3). 북아메리카의 여러 곳에서 호기심을 일으키는 단서들이 나타났다. 예컨대 유리질의 소구체(小球體)가 박힌 다량의 지층이 아이티에서 발견되었다. 충돌구에서 튕겨져 나간 용융 암석이 지표면에 떨어지면서 급격하게 식어 자그마한 유리구슬 모양으로 박힌 것이다.[8] 핵폭발의 압력에서나 형성되는 충격석영 알갱이도 발견되었다. 텍사스 남부에 있는 브래저스강 근처에서는 엄청난 쓰나미가 있었음을 보여주는 흔적이 충돌의 잔해와 함께 발견되었다. 이런 증거들은 멕시코만 근처에서 충돌이 있었음을 가리켰다.

마침내 1991년 멕시코 유카탄반도의 칙술루브 마을 아래에서 폭 100마일의 충돌구가 일부 묻혀 있는 것이 확인되었고, 이것은 K-Pg 경계층과 같은 연대로 밝혀졌다. 드디어 명백한 증거를 찾은 것이다.[9]

대참사

칙술루브 충돌구가 발견되자 지질학자, 고생물학자, 생태학자, 기후학자 등 여러 부류의 과학자들이 K-Pg 경계층 문제에 매달려 소행성 충돌이 어떻게 대멸종을 촉발했는지, 어떤 종이 사라지고 어떤 종이 살아남았는지, 그 이유는 무엇인지 알아내고자 했다. 이제 우리는 충돌의 날과 그 이후 한참 동안 이어진 여파가 앨버레즈와 스미트가 상상했던 것보다 훨씬 끔찍했음을 알고 있다.

우주에서 날아온 거대한 돌은 마지막 1초 동안 5만 피트의 대기를 가르고 지구에 떨어졌다. 이 충돌로 진도 11이 넘는 지진(역사에 기록된 최악의 지진보다 100배 이상 강력한)이 일어났고, 유카탄의 대륙붕이 내려앉았으며, 높이 200미터 이상의 초대형 쓰나미가 멕시코만과 카리브해를 휩쓸었다.[10] 충돌지에서 1,000마일 이내의 모든 것이 폭발로 초토화되었다.

엄청난 바위덩어리가 폭발로 부서지며 사방팔방으로 날아갔다. 분출물이 두터운 막을 이루며 시속 수천 마일의 속도로 날아가 북아메리카 곳곳에 떨어졌다. 뜨거워진 공기, 이산화탄소, 수증기와 유황, 기화 암석, 지각 파편으로 이루어진 기둥이 솟구치면서 분출물은 지구의 탈출 속도(대략 시속 25,000마일)보다도 빠른 속도로 대기 안과 밖으로 튕겨나갔다가 어마어마하게 많은 불덩어리들로 지표면에 도로 떨어졌다.

몇 시간이나 이어진 이런 유성쇼는 지구 전역의 지표면을 제곱미터당 평균 10킬로그램의 소구체로 뒤덮기에 충분했다(충돌 현장 근처는 더 많았고 멀어질수록 점차적으로 줄어들었다). 곧바로 나타난 효과는 대기권의 기온이 섭씨 200~300도로 치솟아 뜨거운 오븐이 된 것이다.[11] 열기와 낙진은 바싹 마른 인화성 물질들을 태워 들불이 지구 전역에 걷잡을 수 없이 번져갔다.

화재로 인해 다량의 그을음이 생겨났고 여기에 충돌로 발생한 먼지와 엄청난 양의 유황 수증기까지 더해지면서 지표면에 도달하는 태양빛이 여러 해 동안 대거 감소했다. 그 결과 육지와 바다에서 광합성과 식량 생산이 끊기고 말았다. 육지의 기온은 금세 영하 7도까지 곤두박질쳤고 최소한 수십 년 동안 그런 수준이 이어졌다.[12] 탄산염이 풍부한 충돌지에서 막대한 양의 이산화탄소가 대기로 방출되는 바람에 바다는 급격하게 산성화되었다.[13]

내가 할리우드 재난 영화처럼 심하게 과장하는 것으로 들리겠지만, 그것은 실제로 대참사였다.

소행성 충돌은 지구 전체에 흔적을 남겨 300개가 넘는 K-Pg 경계층이 곳곳에서 확인되었다. 생명에 미친 영향은 경계층에 담긴 화석 기록에 극적으로 남아 있다. 여기 보면 경계층 위의 세계(충돌 이후)는 아래의 세계(충돌 이전)와 확연히 다르다.

희생자 목록은 공룡, 해양 파충류, 암모나이트보다 훨씬 길게 이어진다.[14] 현대의 다람쥐(비록 다람쥐 자체는 아직 없었지만)보다 몸집이 훨씬 큰 육상 동물은 하나도 살아남지 못했다. 이런 참사가 일어나게 된 이유는 명백하다. 생명은 뜨겁게 구워지고, 차갑게 얼고, 그런 다음에는 굶주림에 허덕였기 때문이다.

즉각적인 결과만 보자면 1,000마일 이내에 있는 생명의 말살이었다. 하지만 엄청난 고온의 열파는 전 지구적 현상이었다. 육상 동물은 어디에 있든 숨 쉬기가 무척이나 어려웠을 것이다. 열파에 용케 살아남은 동물은 들불이 몇 주 동안 계속되며 숲과 초목을 모조리 파괴하는 것을 견뎌야 했다. 들불에 용케 살아남은 동물은 새로 자라는 초목 없이 깜깜하고 추운 나날이 몇 년이나 계속되는 것을 견뎌야 했다.

뭍에 사는 생명이 처했던 극도의 어려움은 식물 화석 기록이 생생하게 보여준다. 식물이 동물보다 화석으로 훨씬 풍부하게 남아 있는데, 고식물학자들은 암석에서 식물 부위뿐만 아니라 어마어마하게 많은 홀씨와 꽃가루(침전물을 골무 하나에 가득 담으면 1만 개에서 백만 개의 꽃가루 알갱이가 포함된다)도 발견하여 어느 시점에 식물 다양성이 얼마나 풍부했는지 밝힐 수 있다.[15] 꽃가루가 들려주는 이야기는 전면적인 파괴의 이야기이다. 지구 어디나 할 것 없이 K-Pg 경계층 바로 아래로는 종자식물을 나타내는 꽃가루가 풍부하고 다양하게 발견된다. 하지만 경계층에 이르면…… 거의 아무것도 나오지 않는다. 그리고 경계층 바로 위에는 양치식물 홀씨가 갑자기 증가한 것이 발견된다. 종자식물은 꽃가루가 암술머리에 닿아야 싹이 트지만, 양치식물의 홀씨는 어느 곳에 떨어져도 발아할 수 있다. 양치식물은 오늘날 화산 분출 같은 사건으로 폐허가 된 서식지에서 가장 먼저 군락을 이루는 식물이기도 하다. 양치식물의 급증은 1,000년가량 이어졌다. 그 이후에 마침내 세상에 다시 뿌리 내리게 된 주요 식물들은 이전에 지구를 지배했던 식물들과는 대단히 다르다. 장소에 따라 종의 78퍼센트까지가 멸종되었다.

꽃과 나무에 대해 이야기했으니 이제 새와 벌 이야기로 넘어가자. 그들은 만신창이가 되었다.

조류는 쥐라기 후기(1억 5000만 년 전)에 수각류 공룡(티라노사우루스가 해당되는 계통)에서 갈라져 나와 진화했다. 많은 종류의 새들이 소행성 충돌 전까지 백악기 후기의 하늘을 날아다녔다.[16] 전 지구의 숲이 파괴되면서 그들 대부분은 사라지고 말았다. 벌은 백악기 중기에 등장하여 종자식물과 가까운 상호관계를 발달시켰는데, 이들 역시 충돌 이후에 대멸종을 겪었음이 증거로 확

인된다.[17]

수많은 종의 식물들을 완전한 멸종으로 몰아가려면 상황이 얼마나 혹독해야 했을지 생각해보자. 이제 자그마한 유공충이 바다에서 비슷한 상황의 이야기를 들려준다는 사실을 생각해보자.[18] 충돌이 있고 나서 플랑크톤 종의 70퍼센트 이상이 사라졌다. 식물과 유공충은 육지와 바다에서 먹이사슬의 기초가 되므로 사슬에 얽혀 있는 생물들 모두가 함께 무너져 내렸다.

그러나 그와 같은 대대적인 파괴에도 살아남은 자들이 있었다.

리셋 버튼을 누르다

가장 초창기 생존자들은 경계층 바로 위의 화석에서 확인되었다. 비록 엄청난 종의 손실이 있기는 했지만 육지 척추동물을 구성하는 주요 집단 모두 ― 파충류, 양서류, 조류, 포유류 ― 가 생존자에 포함되었다.

여기서 중요한 과학적 질문이 제기된다. 어째서 어떤 종은 살아남고 어떤 종은 그렇지 못했을까?

살아남은 생물들의 생활 양식을 연구하면서 중요한 단서가 나왔다. 악어와 거북은 몸집이 더 큰 육지의 사촌(공룡)보다 대처를 훨씬 잘 했다.[19] 뱀도 모든 종이 살아남은 것은 아니지만 집단으로서 위기를 견뎌냈다.[20] 살아남은 조류들은 몸집이 작고 굴을 파고 지상에서 살아간 종이거나 물새들로 보인다. 살아남은 포유류들 역시 몸집이 작았으며 아마도 굴을 파고 지냈을 것이다.

그러므로 물이나 물 근처에 사는 것(악어, 거북, 물새)은 유리한 장점이었던 모양이다. 굴을 파고 생활하는 것(조류, 포유류, 뱀)도 마찬가지였다. 이것은 열파를 견디는 데 도움을 주었을 것이다. 작은 몸집이나 느린 신진대사는 음식 섭취량을 줄여주기도 하므로 모진 시기에 유리했다. 아울러 몸집이 작으면 번식률이 증가하고 개체수가 더 빨리 회복되는 면도 있다.

환경이 회복되면서 멸종을 면한 전반적으로 작은 이런 생물들 무리가 생태계의 공백을 메우고 하늘을 다시 채웠다. 오늘날 우리가 보는 모든 종들은 이런 우발적인 개척자들의 후손이다.

살아남은 종들의 급감한 개체들이 세상에서 수를 늘려가는 이런 그림은 완전히 다른 계통의 증거들을 통해 사실로 확인되었다. 조류를 예로 들어보자. 오늘날에는 대략 1만 종의 새들이 존재하는데, 지금까지 수집된 화석 기록을 보면 백악기 말에는 다섯 종류의 새들이 주요 집단을 이루었으며 그중 넷은 완전히 사라졌다.[21] 현대의 모든 새들은 하나의 집단에서 이어지고 있는 것이다.

가장 흥미로운 것은 따로 있다. 우리는 현대 조류들의 DNA를 살펴봄으로써 마흔 개 정도 되는 주요 집단(앵무새, 매, 벌새 등)이 진화한 시점을 꽤나 정확하게 추산할 수 있다. 모든 종의 DNA에는 그 혈통의 기록과 다른 종에서 분화한 상대적 시점의 기록이 담겨 있다(자세한 이유는 5장에서 설명하겠다). 몇 년 전에 연구자들이 거대한 팀을 이뤄 현대의 모든 군(群)의 DNA 염기서열 전체(유전체)를 해독했다. 조류의 진화를 '나무'로 나타낸 계통수에 따르면, 현재 살아 있는 모든 종들은 K-Pg 대멸종에서 용케 살아남은 몇몇 계통에서 이어진 것이며, 조류의 진화는 그 직후에 본격화되어 현대의 거의 모든 목(目)은 대략 1500만 년 이내에 형성되었다.[22]

조류의 진화 패턴을 보면 대멸종 이후 공통의 줄기에서 가지들이 갈라져가는 모습이 메노라 촛대와 비슷하다(그림 1.4). 이런 패턴은 다른 동물들에서도 나타난다. 일례로 개구리는 2억 년 전으로 거슬러 올라가지만, 개구리를 구성하는 세 주요 집단(대략 6,800종에 이르는 현대 개구리 대다수를 포함하여)은 대멸종 이후에 진화한 것으로 보인다.[23] 포유류도 사정은 마찬가지다. 화석 기록과 DNA 증거 모두 유대목이 아닌 태반 포유류 목(설치목, 식육목, 유제목 등)의 상당수, 어쩌면 대다수가 K-Pg 대멸종 사건 이후에, 때로는 직후에 등장했음을 가리킨다.[24]

소행성 충돌과 그 여파가 일으킨 거대한 키질이 생명의 방향을 어떻게 정했는지 생각해보자. 그것은 마치 리셋 버튼을 눌러 이전 세계에서 넘겨받은 것이 많지 않은 상태로 생명의 게임을 새로 시작하는 것과 같다. 1억 년 넘게 육지를 지배했던 거대한 공룡들은 사라졌다. 그 이후의 세계는, 그리고 그곳의 주민들은 이전과는 거의 닮지 않았다.

종의 관점에서 보자면 개구리보다 새가 더 많고 포유류보다

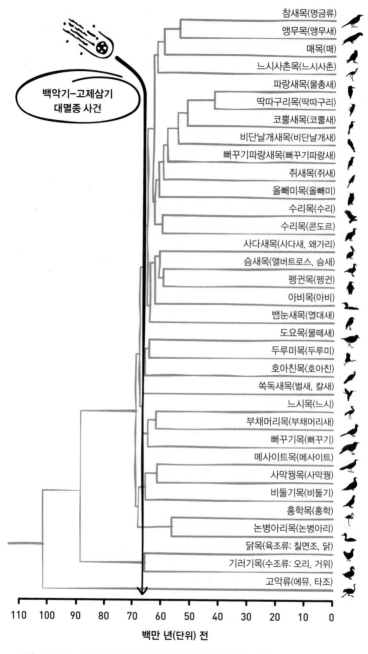

참새목(명금류)
앵무목(앵무새)
매목(매)
느시사촌목(느시사촌)
파랑새목(물총새)
딱따구리목(딱따구리)
코뿔새목(코뿔새)
비단날개목(비단날개새)
뻐꾸기파랑새목(뻐꾸기파랑새)
쥐새목(쥐새)
올빼미목(올빼미)
수리목(수리)
수리목(콘도르)
사다새목(사다새, 왜가리)
슴새목(앨버트로스, 슴새)
펭귄목(펭귄)
아비목(아비)
뱀눈새목(열대새)
도요목(물떼새)
두루미목(두루미)
호아친목(호아친)
쏙독새목(벌새, 칼새)
느시목(느시)
부채머리목(부채머리새)
뻐꾸기목(뻐꾸기)
메사이트목(메사이트)
사막꿩목(사막꿩)
비둘기목(비둘기)
홍학목(홍학)
논병아리목(논병아리)
닭목(육조류: 칠면조, 닭)
기러기목(수조류: 오리, 거위)
고악류(에뮤, 타조)

백악기-고제삼기
대멸종 사건

110 100 90 80 70 60 50 40 30 20 10 0
백만 년(단위) 전

그림 1.4. K-Pg 대멸종 이후 메노라와 비슷한 조류의 진화 패턴
충돌 이전에 여러 계통의 조류들이 있었지만 하나를 제외하고는 모두 사라졌고, 남은
하나의 집단이 오늘날 우리가 아는 여러 행태로 재빠르게 퍼져 나갔다.

개구리가 더 많다. 그러나 우리는 충돌 이후의 세계를 조류 시대나 개구리 시대라고 부르지 않는다. 포유류 시대라고 부른다. 그런 이름이 붙게 된 데는 포유류가 금세 커다란 몸집을 진화시키고 공룡이 떠난 빈자리를 채우게 되었다는 사실도 한몫했다. 포유류는 하늘도 차지했고(박쥐), 물에도 계속해서 적응해 나갔다(고래, 돌고래, 바다표범, 바다코끼리, 바다소, 듀공). 그리고 대멸종 이후에 등장한 하나의 포유류 집단인 영장목은 마침내 인간으로 이어졌다.

그러므로 이런 질문을 하게 된다. 소행성 충돌이 없었더라도 우리가 과연 여기에 있을까?

행운의 스트라이크

그 질문에 답하려면 우리는 몇 가지 사실들을 따져볼 필요가 있다. 먼저, 포유류는 K-Pg 대멸종이 일어나기 전에 제법 진화했다. 그들은 거대한 공룡들과 1억 년 동안 공존해왔고, 수십 종이 백악기 후기에 세계 여러 곳에서 나타났다.[25] 그러므로 공룡의 존재가 털 달린 동물들의 등장을 막지는 않았다. 하지만 둘째, 포유류는 상대적으로 크기가 작았으므로 지배적인 공룡이 차지하지 못한 생태적 틈새를 채웠을 가능성이 크다. 그리고 셋째, 공룡이 사라지고 불과 몇십만 년 만에 포유류는 앞서 1억 년의 어느 때보다 몸집이 훨씬 커지게 되었다.[26] 몸집의 평균치와 최대치가 이처럼 가파르게 증가했다는 것은 공룡이 포유류의 크기를 제한한 주요 요인이었음을 시사한다. 그러니까 소행성 충돌이 없었다면 1억 년 넘게 지구를 지배했던 공룡들이 지금 여기 있었을 것이고, 그러면 포유류도, 우리도 없었을 것이라고 보는 게 타당하다.

승자와 패자는 우연이 판가름했다. 소행성 충돌로 생겨난 조건들은 그 어떤 생물도 경험해보지 못한 것이었다. 진화의 역사에서 그 무엇도 그들에게 지옥 같은 세월을 대비하도록 하지 못했다. 공룡이 군림할 수 있었던 특성(예컨대 거대한 몸집)이 그들을 취약하게 만들었다는 점에서 그들은 운이 나빴다. 한편, 생존을 가능하게 했던 특성(예컨대 작은 몸집, 굴 파기)을 보유하고 있었던 일부 포유류들(대다수 포유류들은 마찬가지로 멸종했다)은 그 덕에 살았으므로 운이 좋았다.

소행성 충돌이 없었어도 우리가 존재했을 가능성은 희박하지만, 충분한 크기의 소행성이 지구와 충돌할 확률 역시 대단히 희박하다. K-Pg 칙술루브 충돌구의 발견으로 인해 다른 충돌에 대한 관심이 크게 늘어났다. 하지만 칙술루브에 가한 충격만큼 위력적이었던 다른 소행성 충돌은 지난 5억 년 동안 지구나 달(비슷한 양의 외계 물질이 도착하는)에 없었던 것으로 밝혀졌다.[27] 대멸종을 일으키려면 크기가 중요하다. 단 하나의 사례로 우리가 말할 수 있는 것은, 칙술루브 충돌는 5억 년(혹은 그 이상)에 한 번 일어나는 사건이라는 것이다.

소행성의 크기가 크더라도 충돌의 장소도 중요한 것으로 밝혀졌다. 유카탄 충돌지 근처의 바위에는 탄화수소와 유황이 풍부하다.[28] 막대한 양의 그을음과 햇빛을 차단하는 연무가 발생한 것은 그런 이유다. 지질학자들은 그토록 파괴적인 물질을 그만큼 배출할 수 있는 바위가 있는 지역은 지표면의 1퍼센트에서 13퍼센트밖에 되지 않는다고 추산한다.[29]

　지구가 시속 1,000마일의 속도로 자전하는 것을 고려하면, 소행성이 30분만 일찍 왔어도 대서양에 떨어졌고 30분 늦게 왔다면 태평양에 떨어졌다는 뜻이다. 불과 30분만 차이가 났어도 공룡은 지금 여기 있었을 것이다. 그러면 영화 「19곰 테드」와, 제발 그런 일은 없어야겠지만, 속편은 세상에 없었다.

2장 성질 고약한 짐승

인생은 얼마나 강력한 타격을 날릴 수 있느냐가 아니다.
…… 계속 얻어맞고도 앞으로 나아가는 것이 인생이다.

— 록키 발보아

1903년 10월 20일, 5,000명이 넘는 군중들은 필라델피아의 자
랑 조 그림이 미들급 및 헤비급 전 세계 챔피언 밥 피츠시몬스와
맞붙는 권투 경기를 보려고 서던 애슬레틱 클럽으로 몰려갔다.
허구의 인물 록키 발보아가 등장하기 한참 전에 그림은 불굴의
용기와 투지로 지역 주민들과 권투계의 사랑을 받았다.

이탈리아 아벨리노에서 아홉 아이 가운데 여덟째로 태어난 그
림(본명 사베리오 잔노네)은 열 살에 미국으로 건너갔다. 그는 어려
서부터 구두닦이로 일했고 브로드웨이 애슬레틱 클럽 밖에 자그
마한 좌판을 두고 있었다. 그는 글러브 없이 맨주먹으로 싸우는

그림 2.1. 조 그림

권투 경기를 보는 것을 좋아했다. 언젠가 싸울 선수가 나타나지 않자 주최 측에서 청중에게 자원할 사람이 없는지 물었을 때 그림은 그 기회를 잡았다.

그림은 심하게 얻어맞았고 녹다운을 당하면서도 고무공처럼 벌떡 일어났다. 기술이 없었던 그는 시합 내내 히죽거리고 다녔다. 곧바로 그는 화제의 인물이 되었고 금세 매니저가 생겼다. 매니저는 그를 다른 권투장에 데리고 가서 어중이떠중이들과 시합을 붙였다. 그에게 '조 그림'이라는 이름을 지어준 것도 매니저였다(아무도 그를 본명으로 부르려 하지 않았다). 확실한 승리를 노리고 기꺼이 그를 상대하려 한 선수들과 맞붙으면서 그림의 명성은 나날이 높아졌다(그림 2.1).

그러나 그들은 예상치 못한 상황에 처했다. 170센티미터에 68킬로그램인 그림은 자신보다 더 크고 유명한 사람들과 싸웠다. 여기에는 잭 오브라이언, 바베이도스 조 월콧, 딕시 키드, 조니 킬베인, 배틀링 레빈스키가 포함되었다. 그들 모두가 그림에게 맹공을 퍼부었으나 누구도 그를 KO로 이기지는 못했다. 민첩한 손놀림과 매서운 힘으로 유명했던 잭 블랙번은 세 차례 기회가 있었지만 그림을 때려눕히는 데 실패했다.[1] 시합이 끝날 무렵 피투성이가 된 그림은 링의 밧줄 위로 올라가서 열광하는 팬들에게 외쳤다. "나는 조 그림이야. 세상 그 누구도 두렵지 않아."[2] 그러고는 헤비급 세계 챔피언과 맞붙고 싶다는 소망을 밝혔다.

그해 10월에 그는 어떤 것도 주먹으로 구멍을 낼 수 있다는 전설적인 복서 피츠시몬스와 맞붙을 기회를 잡았다. 일명 '주근깨의 경이'는 세계 타이틀 두 개를 따는 과정에서 수십 명의 헤비급 선수들을 KO로 때려눕혔고, 지금도 권투 역사상 가장 위력적인 주먹의 소유자 가운데 한 명으로 거론된다. 그날 시합은 6라운드로 진행되었다. 대부분의 전문가들은 경기가 금방 끝날 걸로 내다보았다. 피츠시몬스는 1라운드면 충분하리라 생각했다.

피츠시몬스는 그림을 바닥에 계속 쓰러뜨렸지만 그럴 때마다 "차분하게 일어서서 공격적인 방어 자세를 다시 취하는" 그림이었다.[3] 피츠시몬스는 고개를 절레절레 흔들며 계속해서 팔을 휘둘렀다.

그림은 코와 귀에서 피가 철철 흐르는 상황에서 자신의 턱을 어떻게든 방어하려고 했다. 피츠시몬스는 스윙, 훅, 잽, 어퍼컷을 그림에게 꽂아 3라운드에서 네 차례, 4라운드에서 여섯 차례 다운을 빼앗았다. 그림은 아홉을 셀 때까지 누워 있다가 일어나서 시합을 재개하기를 일곱 차례나 반복했다.[4]

마지막 6라운드가 되자 관중들은 챔피언이 이탈리아인 하나 제압하지 못하냐며 야유하기 시작했다. 피츠시몬스는 화가 나서 라운드가 시작하기가 무섭게 자리에서 일어나 덤볐지만, 그림은 투지 있게 맞섰고 심지어는 스윙을 하나 명중시켜 전 챔피언을 잠깐 기절시키기도 했다. 피츠시몬스가 다시 그림을 쓰러뜨려 그의 얼굴이 바닥에 처박혔다. 그러나 그림은 다시 벌떡 일어나 벨이 울릴 때까지 싸웠다. 피츠시몬스는 그림과 바로 악수를 했고, 시합에서 열일곱 차례나 다운을 당했던 그림은 축하의 공중제비를 돌며 자기 코너로 돌아갔다.[5]

그림은 한 목격자가 말한 것처럼 "일반인이라면 죽었을" 매질을 아무렇지 않게 버텼다. 그의 상대들은 어떻게 그가 그렇게 맞고도 여전히 웃을 수 있는지 의아해했다. "피와 살로 만들어진 사람이라고는 믿기지 않는다."[6] 헤비급 챔피언 잭 존슨의 말이다. 그림은 거의 모든 시합에서 패했고 경력을 통틀어 수백 차례나 다운을 당했지만, 그럼에도 그가 보여준 불굴의 능력 덕분에 '인간 펀칭백'이라는 불후의 영예를 얻었다.[7]

조 그림의 이야기가 주는 교훈은 인간이라는 종은, 적어도 일부는, 주먹으로 맞고도 버틸 수 있다는 것이다. 끝내주게 다행스러운 점이 아닐 수 없다. 소행성 충돌이 있고 나서 용감무쌍한 조 그림이 지구에 등장하기까지 6600만 년 동안 지구는 생명들을 향해 수도 없이 주먹을 날렸기 때문이다. 지구는 격동의 세월을 이어가는 동안 자신이 상대한 종의 99.9퍼센트 이상을 때려눕혔다.

그러나 우리는 아니다. 아직까지는 말이다.

그렇다면 조 그림과 그의 동료인 두 발 달린 원숭이가 등장할 확률은 얼마나 될까? 그것은 그가 헤비급 선수들의 주먹을 말도 안 되게 견뎌낸 것보다 승산이 훨씬 떨어지는 것이었다. 지난 6600만 년 동안 전 지구적인 사건들이 꼬리에 꼬리를 물고 이어졌다. 어떤 것은 비교적 느리게, 어떤 것은 무척 빠르게 진행되었으며, 일어날 법하지 않았던 일이 일어나서 생명의 이야기가 완전히 바뀌기도 했다. 실제로 지난 100만 년을 보면 지구는 과거 3억 년의 그 어느 때보다 극도로 변덕스러운 순환에 갇혀 있다.

그러나 우리를 죽이지 않았던 것이 우리를 더 강하게 만들었다. 이런 격변은 지구가 어떤 주먹을 날리더라도 유연하게 충격을 받아내도록 우리를 단련시켰다. 우리가 지금 여기에 있고 다른 많은 경쟁자들은 그렇지 못한 이유다.

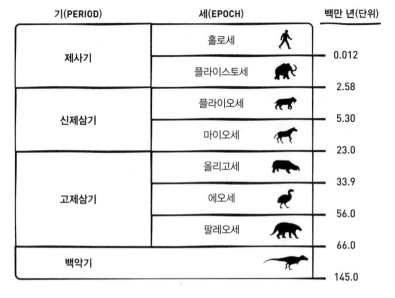

기(PERIOD)	세(EPOCH)		백만 년(단위)
제사기	홀로세		
			0.012
	플라이스토세		
			2.58
신제삼기	플라이오세		
			5.30
	마이오세		
			23.0
고제삼기	올리고세		
			33.9
	에오세		
			56.0
	팔레오세		
			66.0
백악기			
			145.0

그림 2.2. 지질 시대

좋았던 때, 나빴던 때

K-Pg 소행성 충돌이 있고 나서 몇 달, 몇 년은 지구의 역사를 통틀어 최악의 시기였음이 분명하다. 하지만 콜로라도에서 최근에 발견된 화석들은 가장 가혹하게 얻어맞은 곳에서조차 숲이 회복되고 포유류가 반등하여 몇십만 년 안에 새롭고 더 큰 형태들로 진화했음을 보여준다.[8] 그 이후로 수백만 년 동안 지구의 생명은 포유류와 조류가 활발하게 가지를 뻗은 것에서 보듯 최고의 시기를 누렸다고 할 수도 있다.

지질학자들은 지난 6600만 년을 길이가 다른 일곱 개의 세(世)로 나눠 팔레오세, 에오세, 올리고세, 마이오세, 플라이오세, 플라이스토세, 홀로세로 분류한다(그림 2.2). 세와 세의 경계는 일반적으로 암석을 살펴서 바다와 육지에서 생명의 조건이 바뀐 것을 반영하는 변화가 있는지를 보고 정한다. 몇몇 경계는 상당한 수준의 멸종을 나타내기도 하지만, K-Pg 경계층에서 목격되는 대대적인 멸종은 없었다. 그보다는 특정한 식물 집단이나 동물 집단(포유류를 포함하여)에 국한된 보다 제한적인 변화를 반영한다. 이를테면 어떤 형태가 등장하거나 사라지고 서식지 분포가 달라지는 것이다.

예를 들어 팔레오세에서 에오세로 넘어가는 시기는 심해 유공충의 심각한 멸종을 반영한 것이다. 하지만 이 무렵 육지에서는 포유류의 범위가 급격하게 넓어졌고, 최초의 영장류가 북아메리카, 아시아, 유럽에서 등장했다. 이와 달리 에오세-올리고세 이행기는 80퍼센트가 넘는 태반 포유류가 유럽의 여러 곳에서 멸종하고 영장류가 북아메리카에서 사라진 것을 나타낸다.[9] 플라이오세 말에는 몇몇 포유류, 바닷새, 거북, 상어(스쿨버스만 한 크기의 악명 높은 메갈로돈)를 포함하여 대형 해양 동물의 멸종이 일어났다.[10] 그리고 불과 11,700년 전인 플라이스토세 말에는 아프리카를 제외한 다른 대륙들에서 44킬로그램이 넘는 거대한 포유류 대다수가 멸종했다.[11] 북아메리카의 땅나무늘보, 낙타, 검치호랑이, 유럽의 매머드, 코뿔소 등 90개의 속(屬)이 바로 이 무렵에 사라졌다.

모든 과학자들은 이런 대대적인 변동에 흥미를 느꼈다. 대체

무슨 일이 있었던 것일까?

세 변화의 유력한 용의자

세가 바뀔 때 나타나는 여러 패턴들은 19세기부터 알려져 왔다. 우리의 관심사는 종의 등락이 오랜 시간을 두고 생물들이 꾸준하게 등장하고 사라진 것인지, 아니면 갑작스러운 사건의 결과인지이다. 갑작스러운 사건으로는 세와 세 사이에 있었던 사실상 모든 변동이 후보로 거론되었다. 이를테면 소행성, 화산 활동, 초신성, 지각 운동, 해수면 하강, 빙하 작용, 또는 이런 것들의 결합이다. 관건은 세의 변화와 시기적으로 같으면서 지구와 생물에 일어난 변화들을 설명할 수 있는 이런 사건의 확고한 증거를 찾는 것이었다.

상당히 최근까지도 지질학적 변화의 속도를 꽤 정확하게 밝히거나 기후 변화의 규모를 알아내기란 불가능했다. 그래서 이런 변화의 잠재적 원인들을 추려내기가 어려웠다.[12] 지질학에서 일어난 가장 막강한 혁신이라면 고대 기후가 어땠는지 들여다보는 기술이 개발된 것이다. 지질학자들은 이제 유공충이나 연체동물의 껍질, 혹은 퇴적물에서 발견되는 화합물에서 산소, 탄소, 붕소 같은 원소들의 안정 동위원소가 상대적으로 얼마나 되는지 분석함으로써 과거의 기후 조건(기온, 수온)을 추론할 수 있다. '기후지시자proxy'라고 하는 이런 간접적인 화학적 지표에 암석의 연대를 아주 정확하게 판별하는 '방사능 연대 측정'까지 개발되면서 과거에 어떤 일이 얼마나 급속하게 일어났는지에 대한 우리의 이해가 혁명적으로 넓어졌다. 변동을 촉발한 결정적 원인을 (아직은) 항상 집어내지는 못하지만, 그래도 한 가지 사실은 명백하다. 세에서 세로 넘어가는 모든 이행에는 대대적이고 때로는 급작스러운 기후 변화가 있었다는 사실이다.

예를 들어 팔레오세-에오세 이행기가 급속하게 진행되었다는 것은 고기후 자료를 확보하고 나서야 확인되었다. 여러 집단이 에오세 초기에 처음으로 등장했다는 사실은 한 세기 전부터 알려져 왔다. 발굽이 짝수인 우제류(낙타, 사슴 등을 포함하게 되는 집단), 발굽이 홀수인 기제류(말, 코뿔소 등을 포함하게 되는 집단), 그리고 영장류가 그것이다. 기후 기록은 10만 년간 지속된 팔레오세-에오세 이행기에 전 세계 심해 온도와 육지 온도가 각각 5도와 5~8도가량 치솟았음을 보여주었다(그림 2.3).[13]

5도가 뭐 그리 대수냐고 생각할지도 모르겠다. 그러나 이것은 전 세계 온도 변화를 평균한 값임을 생각하자. 이런 변동은 지구 전체에 걸쳐 균등하게 나타난 것이 아니다. 고위도 지역이 적도에서 가까운 지역보다 변화의 폭이 더 컸다. 이 말이 어떤 의미인지 풀어보자면, 2만 년 전에 지표면 온도가 지금보다 5도 낮았던 것은 북아메리카, 유럽, 아시아의 여러 지역을 거대한 빙하로 뒤덮기에 충분했다. 팔레오세에는 지역적으로 기후, 식물, 서식지에 커다란 변화가 나타났다.

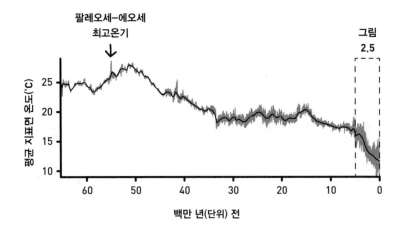

그림 2.3. 지난 6600만 년 동안 지구 온도
가로로 이어지는 실선은 50만 년 단위로 끊어 지표면 온도를 평균한 것이고, 아래위로 삐죽한 파형은 실제 자료를 반영한 것이다.

이후에 벌어진 세 차례 세의 변화에는 지표면 온도가 떨어졌다.[14] 에오세 후기에서 올리고세 초기로 넘어갈 때 비교적 급속하게 4~6도 떨어졌고, 플라이오세에서 플라이스토세 초기로 접어들 때 완만하게 3도가량 떨어졌으며,[15] 홀로세 바로 전 플라이스토세 말에 대단히 급속하게 식었다가 다시 더워졌다.[16] 지질학자들에게는 이런 기후 변화를 특정한 사건과 연결시키는 과제가 주어졌다.

칙술루브에 떨어진 소행성이 K-Pg 대멸종의 계기였음이 밝혀지고 난 뒤로 소행성은 다른 지구적 격변들을 일으킨 용의자 명단 맨 앞에 놓였다. 우주에서 날아온 돌이 지구 전체에 영향을 미치려면 지름이 1~2킬로미터는 되어야 한다는 것이 중론이다.[17]

그 정도 크기라면 폭 20킬로미터가 넘는 구멍을 낼 것이다.[18] 태양계는 지난 6600만 년 동안 상당한 수의 암석들을 지구로 던졌다. 그 가운데 이런 기준에 부합하는 충돌구는 열두 개다.

하나의 세를 마감하고 다른 세를 시작하게 할 만큼 지구에 충격을 준 것이 칙술루브 말고 또 있을까? 그럴 가능성은 크지 않다.

충돌구	지름(킬로미터)	연대(백만 년 전)
볼티쉬	24	65
체서피크 베이	40	36
칙술루브	150	66
엘타닌	–	2.5
호턴	23	23
카멘스크	25	49
카라쿨	52	5
로간차	20	40
미스타스틴	28	36
몽타녜	45	51
포피가이	90	36
리스	24	15

엘타닌 충돌은 플라이오세-플라이스토세 이행기와 아주 가까운 시기인 258만 년 전에 남태평양에서 일어났다. 심해 분지에서 충돌한 유일한 사례로 소행성 지름은 2킬로미터에 이르렀던 것으로 추정된다.[19] 거대한 암석이 바다에 떨어지면서 엄청난 양의

물과 유황이 대기로 솟구쳤고 초대형 쓰나미가 일어났다. 하지만 그것이 지구를 장기간의 추운 시대(빙하시대)로 접어들게 하기에 충분했는지는 확실치 않다.

비슷한 사례로 과학자들은 뉴저지 해안에서 팔레오세-에오세 이행기에 딱 들어맞는 소행성 충돌의 잔해를 발견했다. 그러나 그것만으로 소행성이 원인이라고 단정할 수는 없다. 같은 시대의 충돌구가 발견된 것이 (아직은) 없어서 우리는 소행성 크기가 어느 정도였는지 모른다. 게다가 소행성이 충돌하면 지구가 식기 마련인데, 팔레오세-에오세 최고온기에는 온도가 올라갔다. 화산 폭발이나 엄청난 양의 메탄 분출 같은 다른 사건들이 온난화의 유력한 용의자이다.

종합해보면 소행성 충돌이 포유류 시대에 세의 변화를 일으켰다는 증거는 빈약하다. 세가 바뀌는 대부분의 과정에 결정적으로 기여한 충돌은 없으며, 지구 전체에 지속적인 영향을 미치지 않은 (지역적 영향이나 단기적 영향은 확실히 있었던) 대형 충돌은 수없이 있어왔다. 그렇다면 급격한 기후 변화와 동물과 식물의 주요 변동을 다른 무엇으로 설명할 수 있을까? 최근의 탐구는 전혀 다른 종류의 충돌이 세계를 바꾸었음을 밝혀냈다.[20]

온실에서 냉실로

오늘날 세계 지도는 대부분의 대륙이 놓인 위치로 보자면

6600만 년 전과 크게 다르지 않다.[21] 그러나 기후는 초창기 포유류와 영장류 조상들이 경험했던 것과 근본적으로 다르다. 우리는 화학적 기후지시자를 통해 소행성 충돌이 있고 나서 1500만 년 동안 지구가 훨씬 따뜻해졌다는 것을 안다. 5100만 년에서 5300만 년 전 지구의 평균 지표면 온도는 25~30도였다.[22] 당시 열대우림은 지구 역사상 가장 크게 세력을 확장했고,[23] 아열대림은 극지방까지 이어졌으며, 지구는 남극에서 북극까지 얼음이 거의 없었다.

오늘날 지구의 평균 온도는 14도이며 얼음이 극지방을 뒤덮고 있다. 지구는 초기 에오세의 '온실' 세계에서 '냉실' 세계로 바뀐 것이다. 고기후 기록을 통해 평균 지표면 온도가 점진적인 하락세와 보다 급격한 하락세를 겪으면서 낮아졌고 그 사이에 온난기가 몇 번 있었음이 확인된다(그림 2.3을 보라).

소행성이 아니라면 무엇으로 이런 냉각기를 설명할 수 있을까?

두 가지 결정적인 단서가 발견되었다. 하나는 남극이 빙하로 뒤덮인 시점이다. 4000만 년 전 남극은 지금과 비슷한 위치에 있었지만, 푸릇한 식물들이 그곳에 살고 있었음이 화석으로 확인된다. 하지만 에오세 후기에 얼음이 얼기 시작했다.[24] 거대한 남극 대륙은 올리고세 초기가 되면 얼음으로 뒤덮였고 그 이후로 계속 그 상태로 있다. 남극에 빙하가 생성된 것은 막대한 양의 물을 얼음으로 잡아둠으로써 지구의 해수면을 낮췄다는 점에서 지구 기후에 엄청난 임계점이었다.

두 번째 단서는 고기후 이산화탄소 기록에서 나온다. 이산화탄소는 열을 대기 중에 가둬두는 주요 기체이므로 지구 온도를 조절하는 핵심 제어봉으로 일컬어진다.[25] 따뜻한 에오세 초에는 이산화탄소 농도가 (오늘날의 415ppm과 비교하여) 1,400ppm으로 상당히 높았다가 에오세 말에 떨어졌고, 올리고세 초에는 600~700ppm까지 급속도로 낮아졌다.[26]

이산화탄소의 감소는 에오세-올리고세 이행기에 지구 온도가 뚜렷하게 내려가고 남극에 빙하가 생성되기 시작한 것을 설명할 수 있다. 그렇다면 이산화탄소는 왜 그렇게 감소한 것일까?

대기에서 이산화탄소가 빠져나가는 몇 가지 방법이 있다. 식물들은 이산화탄소를 식량과 생물량biomass으로 만들고 일부는 땅에 묻힌다. 바다는 이산화탄소를 흡수하여 물에 용해시킨다. 암석은 화학적 풍화작용으로 이산화탄소를 처리한다. 대기 중 이산화탄소는 빗물에 섞여 탄산이 되어 점차 바위를 용해시키는데, 이때 칼슘, 마그네슘, 기타 무기질 이온이 강과 바다로 흘러들고, 껍질을 만드는 동물들이 이런 것들과 탄산염 이온을 결합하여 탄산칼슘을 만들며, 패류가 마침내 죽으면서 땅에 묻히는 것이다. 이런 기제로 에오세 말에 이산화탄소 농도가 떨어진 것을 설명할 수 있을까? 당시 지구에 이런 일을 하기에 충분한 더 많은 숲, 더 많은 바다, 더 많은 암석이 있었을까?

암석은 더 많이 있었다. 그 점에서 우리는 인도에, 보다 정확히 말하면 인도판(板)에 감사해야 한다. 인도판은 전 세계 대륙과 대양의 조각 그림 퍼즐을 이루는 거대하고 불규칙적인 모양의 십여 개 지각판 가운데 하나다. 단단한 암석으로 만들어졌고 지각과 상부 맨틀에 걸쳐 있는 지각판은 마그마와 용융암으로 이루어진 반액체의 층 위를 뗏목처럼 미끄러진다. 대부분의 판은 매년 2~4센티미터의 속도로 상당히 느리게 움직인다.

그러나 인도판은 예외다. 인도판은 6600만 년 전에 지금과는 상당히 다른 위치에 있었다. 아시아 대륙에서 남쪽으로 4000킬로미터 이상 내려온 마다가스카르 인근의 남반구에 있었다. 지각판을 움직이는 힘은 인도판을 (이례적으로 빠른) 매년 18~20센티미터의 속도로 북진하게 했고, 결국 인도판은 4000만 년 전에 아시아 대륙과 충돌했다(그림 2.4).[27]

선구적인 지구화학자 월리 브로커는 이 사건을 가리켜 "세계를 바꾼 충돌"이라고 설명했다.[28] 슬로모션으로 진행된 그 충돌로 말미암아 티베트 고원과 히말라야 산맥이 점차적으로 만들어졌다. 그리고 이렇게 솟아오른 산맥은 에오세 말 이후로 대기에서 더 많은 이산화탄소를 흡수하여 지구의 기후를 새로운 방향으로 틀었다.

인도판이 더 빠른 속도로 이동한 것은 그저 요행으로 보인다.[29] 그러니까 지질학적 우연이었다. 인도판은 1억 4000만 년 전에 거대한 초대륙 곤드와나가 쪼개지면서 형성된 다른 판들보다 두께가 100킬로미터 더 얇다.[30] 덕분에 판을 움직이는 힘은 인도판

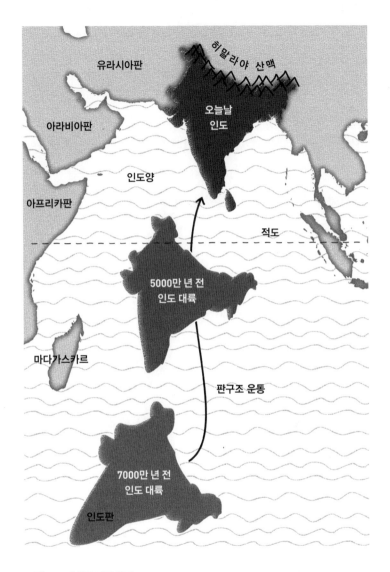

그림 2.4. 세계를 바꾼 충돌

인도판은 빠르게 북쪽으로 이동하면서 4000만 년에서 5000만 년 전에 유라시아판과
충돌하여 히말라야 산맥을 만들고 지구의 기후를 더 서늘한 방향으로 바꿔놓았다.

을 다른 판들보다 매년 15센티미터가량 더 빠른 속도로 밀고 당길 수 있었다.

그러나 매년 15센티미터는 엄청난 차이를 만들었다. 인도판은 그만큼 빨라진 속도 덕분에 2000만 년 동안 훨씬 더 먼 거리를 이동했다. 전형적인 속도로 움직였다면 인도판은 아시아 대륙에 아직 닿지 못했을 것이다. 그렇다면 세계의 기후는 충돌로 일어난 변화를 틀림없이 겪지 않았을 테고, 생명의 이야기는 지금과 판이하게 달랐을 것이다.

그러나 인도는 아시아를 들이받았고, 그로 인해 지구는 바뀌고 말았다. 지금도 한층 극적이고 놀라운 방식으로 계속해서 바뀌고 있는 중이다.

거대한 냉각

앞서 나왔던 그림 2.3의 지구 온도를 다시 들여다보자. 6600만 년 전부터 오늘날까지 이어지는 굵은 실선은 50만 년 간격으로 나눠 평균한 수치로, 장기적으로 온도가 떨어지는 추세임을 보여준다. 실선 위에 표시한 삐죽한 패턴은 여러 시점에서의 실제 온도를 나타낸 것인데, 오른쪽으로 갈수록 변동의 폭이 커지는 것을 볼 수 있다.

자세한 상황을 확인하기 쉽도록 마지막 500만 년을 확대하면 그림 2.5와 같다.

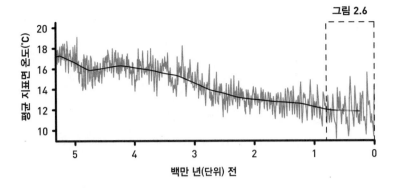

그림 2.5. 지난 500만 년 동안 지구 온도

가로로 이어지는 실선은 50만 년 단위로 끊어 지표면 온도를 평균한 것이고, 아래위로 삐죽한 파형은 실제 자료를 반영한 것이다. 삐죽한 파형이 마지막에 이르러 더 급격하게 치솟았다가 가라앉는 것을 보라.

오른쪽의 마지막 200만 년에 주목하자. 마지막 80만 년을 확대하면 그림 2.6과 같다.

무슨 일이 벌어졌던 것일까?

빙하시대로 접어들었다는 뜻이다. 에오세 이후로 온도가 떨어지는 추세가 길게 이어지면서 지구는 3억 년 만에 가장 추운 시기를 맞게 되었다. 그렇다, **3억 년** 만이다. 급등과 급락을 오가는 패턴은 지난 200만 년 동안 지구가 대단히 다른 두 상태 사이를 위태롭게 왔다 갔다 했다는 뜻이다. 온도의 순환은 빙기와 간빙기를 나타낸다. 온도가 내려가면 거대한 빙상이 북반구 전역에서 발달하는 빙기이다. 북아메리카를 예로 들자면 두꺼운 얼음이 캐나다 전역을 뒤덮었고, 오하이오 남부까지 빙하가 내려왔

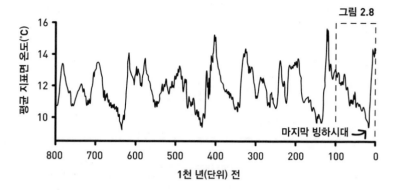

그림 2.6. 지난 80만 년 동안 지구 온도
온도가 내려가면 빙상이 발달하는 빙기이며, 온도가 치솟으면 빙상이 후퇴하는 짧은 간빙기가 된다.

다(그림 2.7). 온도가 치솟으면 빙상이 후퇴하는 짧은 간빙기가 된다. 현재 우리는 11,700년 동안 간빙기에 있다.

빙하시대를 촉발한 계기는 확실하지 않다. 확실한 것은 촉매가 무엇이었든 간에 이산화탄소 농도가 플라이오세에 415ppm으로 높았다가 빙하시대가 시작된 플라이스토세에 280ppm으로 떨어졌다는 것이다.[31] 이산화탄소 농도가 전례 없이 이렇게 낮아진 것은 다른 기제(예컨대 얼음에 의한 태양빛 반사)를 작동시켜 냉각을 더욱 가속화한 결정적인 문턱 역할을 한 것으로 보인다.

그러나 냉각은 고정적이지 않고 주기적이다. 무언가가 온도를 다시 끌어 올렸다가 지구가 다시 식은 것이 틀림없다. 그 무언가는 태양, 보다 정확히 말하면 지구에 도달하는 태양빛이다. 주기가 규칙적으로 반복되도록 이끈 것은 지구의 궤도와 자전축 기

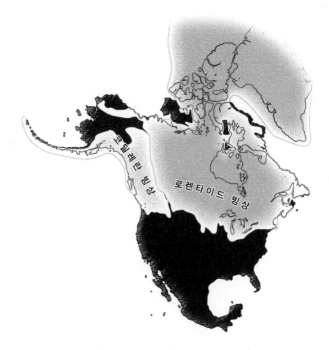

그림 2.7. 마지막 빙기에 북아메리카를 뒤덮은 얼음
21,000년 전에 빙상의 남쪽 경계는 오하이오와 뉴욕까지 내려왔다.

울기의 사소한 변동이다. 이것은 북반구 고위도 지역에 도달하는 태양빛의 양에 영향을 미친다. 지난 100만 년 동안 가장 두드러지게 나타난 두 가지 주기성은 10만 년과 23,000년이다. 이 중에 긴 주기는 거의 원형에 가까운 지구의 공전 궤도가 다른 행성들의 영향으로 바뀌는 것과 연관되며, 이에 따라 빙기/간빙기 주기가 정해진다. 짧은 주기는 지구의 자전축이 태양과 달에 의해 살짝 흔들리는 것과 연관되며, 이에 따라 긴 주기 내의 빙기/간빙기 국면이 정해진다.

하지만 태양의 복사는 온도를 결정하는 주요 요인이 아니다. 지구가 더워지기 시작하면 이산화탄소가 바다에서 풀려나 온난화 속도를 높인다. 그리고 바다가 식으면 이산화탄소를 더 많이 저장한다. 지난 80만 년 동안 이산화탄소 농도는 180ppm에서 280ppm 사이를 오갔다(아주 최근에 400ppm을 돌파하기 전까지는 그랬는데, 그 이야기를 다루려면 다른 책이 필요하다!).[32] 대기 중 이산화탄소 농도와 지구의 지표면 온도는 긴 주기가 반복되는 가운데 밀접한 연관성을 보인다.

그러나 긴 궤도 주기와 이산화탄소가 이야기의 전부는 아니다. 빙하시대의 기후는 우리가 상상한 것 이상으로 격렬하게 요동친 것으로 밝혀졌다.

심실세동

지난 10만 년 동안 그린란드의 온도가 (오늘날과 비교하여) 어떻게 전개되었는지를 나타낸 다음의 그래프를 보자(그림 2.8).

여러분은 아마도 과학자들이 이런 사실을 처음 발견하고 느낀 것과 똑같은 심정일 것이다. 지구의 기후가 지난 200만 년 동안 빙기와 간빙기 사이에만 불안정했던 것이 아니라 마지막 빙하시대 내에도 급격하게 요동친 것을 보고 과학자들은 정말 큰일이라고 생각했다.

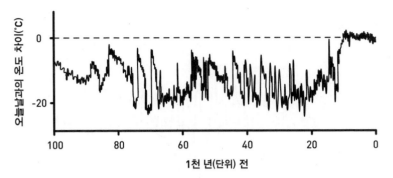

그림 2.8. 지난 10만 년 동안 그린란드 지표면 온도의 가파른 변동
빙기 내에 몇천 년마다 온도가 갑작스럽게 20도까지 치솟고 떨어지는 일이 그린란드에서 벌어졌다. 이것은 이 시기에 지구 전체의 기후가 대단히 불안정했음을 가리킨다.

경쟁 관계인 유럽과 미국의 연구 팀이 그린란드 빙모(氷帽)를 3킬로미터 아래까지 드릴로 뚫어 기후의 '격렬한' 요동을 발견한 것은 1992년이었다. 얼음과 그 안에 갇힌 기포, 먼지에는 그것이 형성되었을 때 기후가 어떠했는지 보여주는 기록이 담겨 있다. 그린란드는 지난 10만 년 동안 스물다섯 차례 점차적으로 식었다가 다시 더워졌는데, **불과 10~20년 만에** 7도까지 오르내리기도 했다.[33] 비교를 위해 말하자면, 오늘날 과학자들이 근심하는 갈수록 빠르게 녹아가는 그린란드 빙하는 지난 100년간 불과 2~3도 온도가 올라서 벌어진 일이다. 그러니 스물다섯 차례 요동이라면 지구에 엄청난 격변이 있었음을 반영한다. 대체 무슨 일이 벌어졌던 것일까?

그래프를 하나 더 보자(그림 2.9). 무엇을 나타낸 그래프인지 추정해보라.

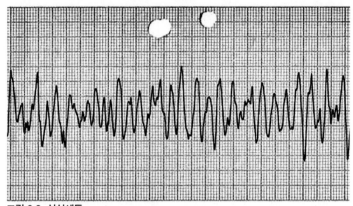

그림 2.9. 심실세동
심장박동이 불규칙적인 환자의 심전도.

당혹스러운가?

이것은 심실세동 환자의 심전도이다.

꽤 타당한 비유다. 심실세동은 부정맥의 일종으로 근섬유가 무작위로 수축하여 심장이 무질서하게 비동시적으로 불규칙하게 박동하는 것이다. 우리는 궤도가 주도하는 더 길고 규칙적인 리듬의 빙하 주기 위에서 지구의 온도가 지난 80만 년 동안 불규칙적으로 박동했다는 것을 이제 안다.

일례로 지구가 점차 더워지면서 간빙기 상태로 나아가던 12,900년 전에 지구의 몇몇 지역에서 몇십 년 만에 온도가 갑자기 몇 도 아래로 뚝 떨어지는 일이 벌어졌다. 그러더니 1,200년 뒤에 불과 5년 만에 다시 더워졌다.[34] 추운 기후에서 자라는 담자리꽃나무dryas가 이 한랭기에 남쪽으로 서식지를 크게 넓혔으므로 이 시기를 가리켜 '영거 드라이아스Younger Dryas'라고 부른다.

어째서 이와 같은 기후의 심실세동이 벌어졌는지는 지금도 치열하게 연구되고 있다. 기후를 바꾸는 사건이 벌어지고 나서 기후가 곧바로 바뀌는 것은 아니므로 하나의 요인을 지목하기는 어렵다.[35] 그보다는 몇몇 요인들이 결합하여 임계점을 넘어서자 기후의 국면이 바뀐 것으로 보인다. 그런 요인의 하나로 대서양 해류 순환이 관련되어 있다는 설명이 있다. 적도 부근의 따뜻한 물은 멕시코 만류에 실려 북쪽으로 이동하고, 그곳에서 표층수가 증발하여 대기를 따뜻하게 데운다. 그러고 나면 표층수는 더 짜고 차갑고 밀도가 높아져서 북극 아래 지역에서 심해로 가라앉는다. 이것이 남쪽으로 흘러 적도, 남아메리카, 아프리카, 남극을 거쳐 마침내 남대서양으로 되돌아오며, 이런 순환을 반복한다. 대서양 순환은 북반구를 따뜻하게 하는 난방 장치 역할을 한다. 하지만 이런 장치는 작동했다가 꺼지기도 한다. 그것도 자주 말이다.

순환과 난방 장치는 민물이 들어오면 중단될 수 있다. 예컨대 북반구 빙상이 녹으면 민물이 바다로 유입된다. 빙상은 급속도로 무너져서 빠른 냉각을 일으킬 수 있다. 반대로 더 추운 시기에는 해빙수가 바다로 유입되는 양이 줄어들므로 염도가 높아져서 순환이 강화되고, 그러면 더 빠른 온난화가 일어날 수 있다.

대서양 순환을 발견한 월리 브로커는 그와 같은 기제가 기후 변화를 막는 완충제 역할을 하기보다는 오히려 이를 부추긴다는 것을 알고 충격에 빠졌다. 이런 급속한 심실세동을 발견하고 난 직후에 브로커는 이렇게 말했다. "고기후 기록은 지구의 기후 체계가 자체적으로 조절되기는커녕 아주 사소한 건드림에도 과하게 반응하는 성질 고약한 짐승이라고 우리에게 큰소리로 말한다."[36]

물론 성질 고약한 이 짐승과 관련하여 가장 흥미로운 질문은 그런 과한 반응이 생명에 어떤 충격을 주는가 하는 것이다. 소행성은 물속이나 땅속에서 대부분의 시간을 보내는 동물들을 제외하고는 대부분의 생명을 없애버렸다. 그렇다면 어떤 종류의 동물이 지난 200만 년 동안 불규칙적이고 돌발적이고 크게 흔들리는 기후에 적응할 수 있었을까?

이 책을 내려놓고 거울을 들여다보라.

여러분이 보고 있는 존재가 바로 그것이다.

전천후 동물

기후의 심실세동이 우리 인간에게 (그리고 우리 조상들에게) 무엇을 의미했는지 이해하려면 고생물 조사관들은 그린란드와 남극의 빙상에 안치된 기록을 내려놓고 아프리카의 암석과 토양에 묻혀 있는 다른 종류의 단서로 눈을 돌려야 한다. 적도에 가까워지면 이야기의 주제는 온난기와 냉각기가 아니라 우기와 건기가 된다. 예컨대 먼지, 꽃가루, 그리고 호수와 연안의 퇴적물들이 습함과 건조함 사이의 급격한 변동을 말해준다.

습함과 건조함이 어느 정도였고 얼마나 급격하게 오갔는지 감을 잡으려면, 오늘날 세계에서 가장 거대한(360만 제곱마일) 열대 사막 사하라가 5,000년에서 11,000년 전에는 초록으로 무성했음을 생각하자. 마지막 빙하시대가 끝나고 나서 극도로 건조한 사하라에 비가 풍부하게 내렸다.[37] 오늘날보다 10배 이상 많은 강우량으로, 마르지 않는 호수를 만들고 다양한 식물, 동물, 인간이 의지하여 살기에 충분했다. 현재 알제리, 차드, 리비아, 수단, 이집트 곳곳에서 발견되는 수많은 암벽화에는 불과 몇 세기 만에 기후가 다시 건조하게 바뀌어 오늘날과 같은 사막화가 시작되기 전인 "초록빛 사하라"에 살던 코끼리, 하마, 기린, 영양, 사냥꾼의 모습이 새겨져 있다.

요동친 기후가 인간과 다른 종들에게 장기적으로 어떤 영향을 미쳤는지 이해하기 위해 고생물 조사관들은 인간과 우리 조상들이 오래전에 존재했다는 기록이 있는 지역을 집중적으로 살펴보았다. 그런 지역 가운데 하나가 케냐 남부 나이로비에서 남서쪽으로 40마일 거리에 있다. 두 개의 사화산인 올로게세일리에 산과 올도니오 에사쿠트 산 사이에 펼쳐진 지구대Rift Valley 바닥이다.

선구적인 고인류학자 메리 리키와 루이스 리키는 1942년 부활절 주말에 올로게세일리에 분지의 침식된 언덕과 골짜기를 처음으로 탐험했다. 두 사람은 흩어져서 하얀 퇴적물을 샅샅이 뒤지다가 거의 동시에 서로를 큰소리로 불렀다. 메리가 루이스에게 빨리 와서 자신이 발견한 것을 보라고 재촉했다. 루이스는 훗날 이렇게 회상했다. "그녀의 장소에서 내가 본 것이 도무지 믿기지 않았다. 가로세로 50×60피트의 땅에 완벽하고 대단히 큰 손도끼와 가로날도끼가 말 그대로 수만 개나 있었다."[38] 메리는 비록 70만 년이나 된 곳이지만 마치 얼마 전까지 운영하던 석기 제조 공장이 버려진 모습 같다고 생각했다. 너무도 놀랍고 인상적이어서 두 사람은 넓은 구역 하나를 처음 발견한 모습 그대로 두기로 했다. 보행자용 통로를 만들고 공공박물관으로 개장했으며, 올로게세일리에는 오늘날에도 박물관으로 남아 있다.

올로게세일리에는 집중적인 연구 현장이기도 하다. 그곳 퇴적물에 지난 120만 년의 역사 대부분이 보존되어 있기 때문이다.[39] 미국 스미소니언 박물관과 케냐 국립 박물관의 후원으로 거대한 합동 연구 팀이 수십 년 동안 그곳에 매달려 역사를 파헤쳐왔다. 돌로 만든 도구들 외에 동물 화석도 다량 발견되었는데, 화석과 기후지시자는 우리에게 극적인 이야기를 들려준다.

120만 년 전부터 40만 년 전까지 습지와 메마른 초원 사이를 오가는 거대한 환경 변화가 최소한 열여섯 차례 있었다.[40] 변화의 속도는 지난 32만 년 동안 갈수록 빨라졌다. 하지만 이렇게 기후가 요동치고 나면 이후의 퇴적층에서 도구들이 여지없이 발견된다. 이것은 대단히 변덕스러운 기후가 100만 년 이어지는 내내 사람과 hominid가 그 지역에 계속 살았거나 적어도 군락을 다시 이루었음을 가리킨다.

그림 2.10. 케냐 올로게세일리에에서 나온 도구들

급격한 기후 변화의 시기를 거치면서 올로게세일리에 분지에서 사용한 도구들은 거대한 손도끼(왼쪽)에서 더 작고 보다 정교하게 만든 날과 찌르개(오른쪽)로 바뀌었다.

하지만 동물의 뼈는 다른 이야기를 한다. 예를 들어 50만 년 전에 존재했던 서른 종의 포유류(기린, 영양, 얼룩말, 코끼리와 관련되는 대형 초식동물들을 포함하여) 가운데 그 이후로도 20만 년을 계속 버텼던 것은 일곱 종에 불과하다. 이 종들의 자리는 앞서 올로게세일리에에서는 발견되지 않았던 새로운 열여섯 종이 이어받았다.[41] 이런 대대적인 종의 변화를 가장 간단하게 설명하자면, 확 바뀐 기후로 인해 종들이 미처 생물학적으로 적응하지 못할 만큼 빠르게 새로운 조건이 만들어졌다는 것이다.

사람과의 적응력은 어떻게 설명할 수 있을까? 석재 도구 기록에 강력한 실마리가 있다. 똑같은 20만 년의 세월을 거치면서 사람과가 사용한 도구는 극적인 변화를 겪었다.[42] 50만 년 이전까지 올로게세일리에의 도구들은 그곳 분지에서 발견되는 돌로 만든 거대한 손도끼가 대다수였다. 그러나 50만 년 전과 32만 년 전 사이에 초기 인류는 보다 정교한 도구를 만들기 시작했으며, 여기에는 무기에 부착할 수 있는 찌르개, 긁개, 송곳 같은 것이 포함된다(그림 2.10). 이런 새로운 도구들은 50마일이나 떨어진 곳에서 발견되는 화산암인 흑요석으로 만든 것이 많았다. 게다가 이런 도구를 만든 제작자들은 색소를 사용했는데 아마도 몸에 칠하는 색소였을 것이다. 이렇듯 먼 곳의 재료를 가져다가 사용하고 새로운 디자인을 생각해낸 것으로 볼 때 그들은 올로게세일리에의 초기 거주자들보다 인지 능력이 더 뛰어났고 더 복잡한 사회적 행동을 주고받았을 것이다.

그들의 솜씨는 이런 도구로 그치지 않았다. 사람과는 80만 년 전에서 100만 년 전 사이에 불을 통제하는 법을 익혀서 그것으로 사냥하고 요리하고(익힌 음식은 사용할 수 있는 칼로리가 더 많다) 몸을 따뜻하게 데웠다.[43] 이런 모든 지식은 기후의 심실세동이 휘두르는 주먹과 갈수록 종잡을 수 없는 자원(물, 식물, 사냥감, 재료)에 수렵채집인들이 다른 동물들보다 더 유연하게 대처하도록 만들었을 것이다.

그렇다면 이런 의문이 든다. 수렵채집인들은 어떻게 해서 더 큰 인지 능력과 사회성을 얻었을까?

더 크고 뛰어난 뇌가 비결이었다.

인간 진화의 척도인 사람과의 뇌 크기는 빙하시대가 시작할

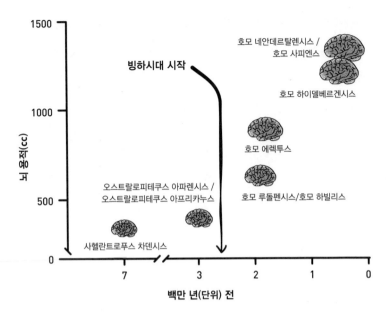

그림 2.11. 빙하시대에 극적으로 커진 인간의 뇌 크기
오랫동안 비교적 정체되었던 인간의 뇌 크기는 지난 300만 년을 거치는 동안 세 배 이상 커졌다.

무렵부터 증가하여 무려 세 배 가까이 커졌다(그림 2.11). 고인류학자들은 지구 역사에서 이런 이례적인 변동의 시기와, 이례적으로 큰 뇌를 갖고 도구를 제작하고 서식지를 만들고 바꿀 줄 아는 종이 진화한 것 사이에 인과관계가 있다고 믿는다.[44]

그러니까 우리는 오래전에 있었던 지질학적 우연으로 작동하게 되었고 포유동물이 마주쳤던 가장 불안정하고 예측 불가한 기후 주기가 만든 희귀한 빙하시대에 태어났다. 다행스러운 지질학적 사건들의 연속이 만들어낸 셈이다. 강인했던 빙하시대

수렵채집 선조들 덕분에 오늘날 우리는 뇌를 그저 사냥하고 채집하는 것 말고 정원 가꾸기, 그림 그리기, 책 쓰기 같은 오락적 용도로도, 혹은 펀칭백으로도 사용하게 되었다.

2부

실수들의 세계

지금까지 우리는 '만약에 어땠더라면'이라는 게임을 한 셈이다. 우주가 지구를 향해 강속구를 던지지 않았다면 어떻게 되었을까? K-Pg 소행성이 유카탄을 빗나갔다면 어떻게 되었을까? 인도 아대륙이 보다 천천히 아시아를 향해 이동했다면 어떻게 되었을까? 기후가 빙하시대에 급격하게 요동치지 않았다면 어떻게 되었을까?

무생물적, 물리적 세계에서 벌어지는 이런 가정들에 대한 대답은 하나다. 생명의 경로가 틀림없이 바뀌어서 우리가 여기 있지 못했을 것이라는 것이다. 그러니 우리가 여기 존재하는 것은 우연이라고 해도 무방하다. 나는 살아 있는 생명체 내에서 우연이 행한 역할을 살펴봄으로써 그와 같은 입장을 재차 확인할 참이다. 하지만 그러기에 앞서 내가 말하는 우연의 의미가 어떤 것인지 밝힐 필요가 있을 것 같다.

지금까지 나는 적극적으로 나서서 우연을 정의하지 않았다. 특정한 결과의 원인(들)을 설명할 때 과학자들과 역사학자들은 유관하지만 구별되는 두 개념을 인식한다. 우연chance과 불의contingency가 그것이다. 두 용어는 어떤 학과에서도 엄격하게 정의되지 않으며, 일상적인 용례가 다양하다. 하지만 우연과 불의를 나눠서 보는 것은 유용하고도 중요하므로 각각의 용어를 내가 어떤 의미로 사용하는지 여기서 정리하겠다.

우연이라고 할 때는 드물거나 예측 불가한 사건, 혹은 변수나 작용하는 힘들이 워낙 많아서 무작위로 일어난다고 해도 무방한 사건을 의미한다. 우리가 지금까지 살펴보았던 우연한 사건으로는 소행성 충돌, 지층, 지각판 이동과 충돌, 전 세계 기후의 격렬한 요동이 포함된다.

불의는 역사학에서 쓰는 의미, 그러니까 특정한 결과를 위해 꼭 있어야 했던 과거의 사건이나 과정이라는 뜻으로 사용할 것이다. 결과가 일련의 사건이나 과정에 따른 것이고, 사건이 발생하지 않았다면 그런 결과도 없었을 것이라고 한다면, 각각의 사건이나 단계는 불의가 된다.

그러니까 우연은 사건 자체에 적용되는 말이고, 불의는 결과를 보고 소급해서 드러나는 것이다. 둘의 관계를 정리하자면, 우연한 사건은 그것이 발휘하는 효과를 통해 불의의 사건이 될 수 있다. 불의는 우연이 일으킨 여파이다. 예를 들어 우리가 배우자를 만나는 것은 우연이지만, 그 사건은 아이의 존재에 불의의 사건이 된다. 같은 논리로, 소행성이 유카탄에 충돌한 것은 우연한 사건이었지만, 그것은 이후에 포유류, 영장류, 인간이 진화하는 데 불의의 사건이었다.

이런 구분은 유용하다. 세계와 우리의 삶이 지금의 모습인 것은 일련의 불의 때문이라고 말하면 시시하고 별 의미 없게 들리니 말이다. 여기서 내가 집중하는 주제는 우연이다. 내가 구하는 설명의 힘은 **구체성**에서 나온다. 결국 불의의 사건이 되는 특정한 우연의 사건들이 어떻게 일어났고 어떤 의미가 있는지 이해할 때 우리는 제대로 된 설명을 할 수 있다.

오랜 세월 생명을 바라보는 지배적인 견해는 그 어떤 것도 우연이나 불의에 내맡겨지지 않았다는 것이었다. 복잡하고 아름다운 모든 생명은 신이 현재의 형태 그대로 완벽하게 설계한 것이고 전혀 변하지 않았다. 실제로 사실상 모든 진지한 과학자들이 한때 이렇게 믿었다. 이후의 세 장에서 우리는 살아 있는 모든 생명체 내에서 작동하는 우연의 기제를 깊게 들여다볼 참이다. 생명체가 외적 물리적 세계의 조건에 대처할 수 있는지, 대처한다면 어떻게 대처하는지 결정하는 특성은 이런 내적 무작위적 과정을 통해 만들어진다. 그러니 우리가 살아가는 세계는 완전히 독립적이고 우연이 주도하는 두 과정(외적-무생물적 과정과 내적-생물적 과정)이 만나는 곳이다. 그런 만남의 결과로 지구에 사는 온갖 다양한 형태가 만들어진다.

3장 맙소사, 대체 어떤 동물이 그것을 빨아먹겠나?

오, 전능하시고 영광스러운 신이시여,

명령만 내리면 바람이 일고 파도가 높아지고 바다의 격노가 잠잠해지는

그대 앞에서 미천하고 죄 많은 그대 피조물이

이렇게 고통에 차 울부짖으며 도움을 구하나이다.

신이시여, 우리를 구하소서, 그렇지 않으면 멸하나니,

고백컨대 우리는 안전한 시기에 주위의 모든 것이 잠잠한 것을 보고,

그대 우리의 신을 잊고 그대의 고요한 말씀에 귀 기울이기를 거부하고

그대가 내리신 계명을 지키지 않았나이다.

그러나 지금 그대의 경이로운 작업을 보며 무서워 떨고 있나니,

위대하신 신은 무엇보다 두려워해야 마땅한 것을……[1]

몬티 파이튼 코미디에 나오는 대사처럼 들리겠지만, 이 「바다에서 폭풍을 만난 자들의 기도」는 『영국국교회 공동기도문』(1789)에 나오는 것이다. 영국 함장과 선원들은 이 기도문을 암송할 이

유가 차고 넘쳤다. 그리고 기도할 기회가 참으로 많기도 했다.[2] 과학적인 일기예보가 없었고 지도에 표시되지 않은 바다가 널려 있던 상황에서 1700년부터 1850년 사이에 1,000척에 가까운 영국 해군 배가 침몰했으니 말이다.

그러나 위험은 난파만 있었던 게 아니다. 선상 반란도 있었다. 항해가 긴 시간 이어지면 사기를 유지하고 기강을 잡기가 어려웠다. 폭풍, 중노동, 비좁은 생활공간, 궁핍, 만취, 향수에 시달린 선원들이 명령에 불복하고 반기를 들었던 것이다. 가장 유명한 선상 반란은 1789년 바운티호에서 일어난 반란이다. 타이티에 도착하여 다섯 달 동안 느긋하게 휴식을 취하고 원주민들과 사랑을 나누고 나서 돌아오는 길에 일부 선원들이 윌리엄 블라이 함장에게서 배의 통제권을 빼앗고 그를 포함한 열여덟 명을 구명정에 태워 떠나보냈다. 블라이는 역사에 길이 남을 지도력과 항해술, 인내를 발휘하며 악천후 속에 망망대해를 4,000마일 표류했으며, 매일 빵 1온스와 물 1/4파인트로 버티며 결국 안전한 땅에 도달했다. 하지만 블라이가 이후 두 차례 더 반란의 표적이 된 것은 아마도 우연이 아니었을 것이다.

그리고 폭풍이나 반란이 함장을 침몰시키지 않았어도 정신 이상이라는 유령이 항상 도사리고 있었다. 젊은 찰스 다윈을 비글호 항해로 이끈 것은 신경 쇠약에 걸릴지도 모른다는 이런 두려움이었다.

비글호의 첫 번째 함장 프링글 스톡스는 2년간 남아메리카로 떠난 비글호의 첫 항해(1826~1828)에서 완전히 실의에 빠졌다. 칠레 최남단의 포트 패민 해안에 정박한 그는 일기에 이렇게 적었다.

"우리 주위의 풍경보다 세상에 더 따분한 것이 있을까. 좁고 험준한 해안 주위로 황량하고 척박한 산들이 우뚝 솟은 것이 보이고…… 구름이 자욱하게 하늘을 뒤덮더니 갑자기 험악한 돌풍이 불어 소나기를 우리에게 퍼부었다. …… 마치 풍경의 따분함과 적막함을 완성하려는 듯이 새들도 이 인근은 피해가는 것 같다. …… '인간의 영혼이 죽기' 좋은 날씨였다."[3]

스톡스는 한 달 뒤에 권총으로 자살했다. 비글호의 지휘는 다른 배에 있던 로버트 피츠로이 대위에게 넘겨졌고, 그가 비글호를 이끌고 영국으로 돌아왔다.

3년 뒤인 1831년에 비글호는 피츠로이를 함장으로 하여 두 번째 항해에 나섰다. 피츠로이는 스톡스의 비극을 되풀이하고 싶지 않았고 가족력에 우울증과 자살이 있는 것이 염려되었기에 항해 중에 자신이 느낄 것이 확실한 외로움과 고립감을 상쇄할 방안을 찾았다. 그래서 2년으로 예정된 항해에 자신과 과학적 취향이 맞는 교양 있는 신사가 동행해서 함께 식사하고 대화를 나누었으면 좋겠다고 해군성에 말했다. 다윈이 그 자리를 처음으로 제안을 받은 사람은 아니었다. 다른 두 사람이 거절하고 나서야 "열성과 모험심이 넘치는"[4] 스물두 살의 다윈이 그 자리에 추천되었다. 다윈은 신학을 공부하겠다는 계획을 미루고 세계를 보러 떠나기로 했다.

함장과 다윈은 무척 사이좋게 지냈으며, 젊은 박물학자는 피츠로이의 항해술에 고마워했다. 그도 그럴 것이 비글호가 케이프혼을 돌고 나서 맹렬한 폭풍에 휩쓸렸고 세 차례 거대한 파도에 하마터면 뒤집힐 뻔했기 때문이다. 피츠로이의 솜씨와 지휘로 화를 면했다. 다윈은 일기에 이렇게 적었다. "실제로 맞서보지 않은 자는 정말로 거대한 돌풍이 얼마나 무시무시한지 알지 못한다. 신의 보살핌으로 비글호가 무사히 이곳을 빠져나가기를."[5]

그러나 바다에서 거의 3년을 보내고 나서 피츠로이는 무너져 내렸다. 1834년 10월 말, 비글호는 칠레 해안에 있었고 다윈은 병에 걸려 내륙에서 쉬고 있었을 때, 피츠로이는 함장 직을 사임하고 배의 지휘권을 대위에게 넘겨주었다. 해군성이 자신이 측량선을 구입한 데 대해 질책했고, 선원을 보강해달라는 요청도 거부하자 피츠로이는 화가 치밀었던 것이다. 다윈은 영국에 있는 여동생 캐서린에게 보낸 편지에서 피츠로이의 상태를 이렇게 설명했다.

"비글호의 상황이 이상하게 돌아가고 있어. …… 피츠로이 함장은 지난 두 달간 너무도 바쁘게 일했는데…… 해군성의 차가운 태도와…… 다른 수많은 일들이 겹치면서 몸이 여위고 건강이 좋지 않게 되었어. 게다가 정신이 병적 우울증을 겪은 데다 결단력도 떨어졌네. 함장은 자신이 점점 미쳐가고 있다고 우려하고 있어."[6]

그와 같은 일이 벌어질 것에 대비하여 해군성은 항해에 앞서 피츠로이에게 이렇게 명령해둔 터였다.

"행여 어떤 불행한 사고가 자네에게 일어나면 비글호의 지휘권을 인계받게 되는 장교가 당시 전함이 수행하는 조사를 마무리하게 되지만, 다음 단계로 항해를 계속하는 것은 아니네. 그러니까 가령 그 무렵에 남아메리카의 서쪽 해안에서 조사를 수행하고 있다면, 그는 태평양을 건너지 않고 리우데자네이루와 대서양을 거쳐 영국으로 돌아와야 하는 거네."[7]

비글호는 실제로 남아메리카의 서쪽에 있었다. 그러니 세계를 도는 나머지 항해 일정은 중단될 처지였다. 하지만 다윈은 그 시점에서 자신의 모험을 도저히 그만둘 수 없었다. 그래서 일행과 헤어져서 혼자서 칠레를 탐험하고, 그런 다음 육로를 통해 페루로 가서 산을 넘어 아르헨티나로 간 뒤에, 다른 배에 올라 영국으로 돌아갈 계획을 궁리했다. 만약에 그랬다면 그도 비글호도 갈라파고스나 타이티, 오스트레일리아, 남아프리카를 보지 못했을 것이다.

그러나 피츠로이는 마음을 다잡고 비글호의 조종대를 다시 잡았다. 그래서 다윈이 그 모든 곳을 보았다. 그리고 그가 본 것은 세상이 왜 이런 모습을 하고 있는지 그가 (그리고 우리도) 다시 생각하도록 만들었다.

세상이 신의 뜻에 따라 세심하게 창조되고 다스려진다는 생각에서 세상이 순전히 자연의 법칙을 통해 작동한다는 생각으로 우리를 맨 처음 돌려놓은 것은 다윈이었고, 그가 관찰한 야생 동물과 사육 동물들의 모습이었다. 누구보다 먼저 신의 섭리를 우연으로 대체한 사람도 다윈이었다.

미스터리 중의 미스터리

다윈이 살던 시대에 가장 중요한 난제는 종의 기원이었다. 당시 지배적인 견해는 종들이 신에 의해 지금의 장소에서 지금의 형태로 특별하게 창조되었고, 환경에 완벽하게 들어맞으며, 결코 변하지 않는다는 것이었다. 과학자 일반인 할 것 없이 거의 모두가 이런 생각이었는데, 다윈 역시도 비글호에 승선했을 때 이런 특별한 창조론을 믿었으며, 항해의 대부분 기간 중에 다른 가능성은 눈치 채지 못했다. 그러나 몇 가지 발견이 나중에 싹을 틔우게 될 씨앗을 그의 마음에 심었다.

피츠로이가 회복하고 나서 비글호는 1835년 9월에 갈라파고스 제도에 도착했다. 평생 5,400점이 넘는 식물 · 동물 · 화석 표본을 모을 만큼 대단한 수집가였던 다윈은 여러 섬들을 둘러보며 표본을 모으기 시작했다.[8] 그는 생물들 간의 미묘한 차이를 알아보는 눈이 있었다. 일례로 그는 다른 섬들에 사는 흉내지빠귀마다 무늬가 아주 살짝 다르다는 것을 알아차렸다(그림 3.1, 위). 또한 여러 섬들마다 자이언트거북의 껍질 모양에 차이가 있다는 것도 알아냈다.

그림 3.1. 갈라파고스의 새들과 오리너구리
위. 다윈은 네 곳의 섬에서 대단히 비슷하지만 구별되는 세 종의 흉내지빠귀를 보았다.
아래. 오리너구리는 현재 지구에 존재하는 두 종의 난생(卵生) 포유류 가운데 하나다.

　다윈은 아직은 그런 발견에 대해 어떠한 결론도 내리지 않았
다. 갈라파고스의 검은 바위에서 햇볕에 그을려가며 다섯 주를
보내고 난 뒤에 비글호는 서쪽으로 나아갔다. 시드니에 들렀을
때 그는 고향과 비슷한 모습에 편안함을 느꼈고 모처럼 내륙을
둘러볼 기회도 얻었다. 어스름한 저녁에 블루마운틴의 연이은
연못을 따라 걷다가 다윈은 운 좋게 오리너구리 몇 마리를 보게
되었다.[9] 오리너구리는 비버처럼 털이 달렸고 오리처럼 부리가
있는 반수생동물로, 알을 낳는 두 종의 포유류 가운데 하나다. 맨

처음 유럽에 도착한 오리너구리 표본을 보고 사람들은 그 생김 새에 너무도 당황하여 가짜 표본이라고 여겼다. 그나마 오리너 구리를 만든 신이 유머감각은 있다고 생각했다(그림 3.1, 아래).

다윈은 오스트레일리아에 사는 동물들과 다른 곳의 동물들이 다르면서도 닮은 모습에 놀랐다. 그는 박물학자들이 아시아와 아프리카에 있는 같은 이름의 동물들과 겉보기에 닮았다는 이유 로 '호랑이'와 '하이에나'라고 부른 유대류 식육목 동물들을 보았 다. 그리고 그는 '개미귀신'이 유럽에서 본 것처럼 모래구덩이에 진을 치고 곤충 먹이를 잡는 모습을 보았다. 다윈은 이렇게 닮은 점을 한 명의 조물주가 만들었기 때문이라고 해석했다.

서쪽으로 계속 나아가 남아프리카에 당도한 다윈은 케이프타 운에서 유명한 천문학자 존 허셜을 만날 기회를 잡았다. 다윈은 일찍이 허셜의 『자연철학 연구에 관한 예비 고찰』(1831)을 탐독 했던 만큼 저자를 만난다는 생각에 흥분했다. 당대 최고의 과학 적 지성으로 꼽히던 허셜은 지질학, 화석, 식물학에도 남다른 관 심을 보였다. 그는 집에서 개인적으로 200여 종의 식물 표본을 키우면서 자신의 남아프리카 식물들이 점차적으로 서로를 닮아 가 몇몇 종이 다른 종들 사이의 연결고리를 채우는 것처럼 보인 다는 것에 주목했다. 다윈은 몰랐던 일이지만, 둘의 만남이 있기 몇 달 전부터 허셜은 자신이 "미스터리 중의 미스터리"[10]라고 불 렀던, 새로운 종이 멸종된 종을 대체하는 현상에 대해 생각하고 그것에 관해 서신을 나누고 있었다.

다윈은 일기에 그날의 만남을 "한참 만에 나에게 찾아온 행운으로 가장 기억에 남는 사건"[11]이라고 적었다. 5년째 세계 일주 항해를 하는 사람이 그런 말을 한 것이다. 천문학자와 젊은 박물학자 사이에 무슨 말이 오갔든 간에 다윈은 얼마 뒤에 자신의 표본을 다른 관점에서 바라보기 시작했다. 집으로 돌아오는 길에 갈라파고스의 새들에 관해 적은 것을 정리하면서 다윈은 각기 다른 섬들에 사는 살짝 다르게 생긴 흉내지빠귀와 거북의 문제로 돌아가 어떻게 그들이 본질적으로 동일한 습성을 보이는지 생각했다. 이런 실상을 어떻게 설명할 수 있을까? 특별한 창조론에 따르면 신은 각각의 섬에 맞게 각각의 종을 만들었다고한다. 그러나 다윈에게 다른 가능성이 떠올랐다. 어쩌면 이런 동물들은 한 가지 유형의 변이일지도 모른다는 것이었다. 그는 이렇게 적었다.

"이런 생각에 조금이라도 근거가 있다면 갈라파고스 제도의 동물들을 본격적으로 연구해볼 가치가 충분하다. 종의 안정성을 뒤흔들 수도 있는 실상이기 때문이다."[12]

종은 변할 수 있다. 이것은 다윈이 처음으로 각성한 순간이었다. 진화적 사고라는 미끄러운 비탈길을 향해 머뭇거리며 작은한 발을 내디딘 것이다. 다윈은 어떤 분야에도 전문가가 아니어서 자신의 표본 대부분이 어떤 종인지 몰랐다. 갈라파고스의 어떤 동물들이 서로 다른 종인지, 아니면 같은 종의 변이인지 확신하지 못했다. 그는 영국에 도착하면 전문가들을 찾아가서 자신의 표본과 관련하여 도움을 구할 생각이었다.

그리고 그들은 확실히 도움을 주었다. 다윈이 귀국하고 나서 그해 겨울에 그와 동료 선원들이 수집한 표본을 최고의 전문가들이 꼼꼼하게 들여다보았다. 일례로 그가 남아메리카에서 수집한 화석들은 현존하는 아르마딜로, 라마, 설치류, 나무늘보와 해부적으로 가까운 관계이며 지금은 멸종한 거대한 포유류들로 밝혀졌다.

다윈은 갈라파고스 육지새 스물여섯 가운데 스물다섯이 별개의 종일 뿐만 아니라 그 섬에만 존재하는 종임을 알고는 크게 당혹스러워했다.[13] 그는 나중에 "50~60마일밖에 떨어져 있지 않아서 대부분이 서로 보이며, 정확히 같은 암석으로 이루어져 있고 같은 기후에 놓이는 이런 섬들"에 다른 종들이 서식하리라고는 "꿈에도 생각해본 적이 없다"고 말했다.[14]

실제로 종이 변했을 가능성이 그의 마음을 사로잡았다.

다윈은 노트를 펴고 자신의 생각을 의식의 흐름의 기법으로 적어 내려갔다. 그가 가장 먼저 쏟아낸 생각들은 종의 계보에 관한 것이었다. 그는 오스트레일리아와 다른 곳의 포유류들이 크게 다르다는 사실에 주목했으며, 그 차이가 어쩌면 대륙들이 오래 떨어져 있었던 결과인지도 모른다고 추론했다. 남아메리카에서 그가 찾아낸 거대한 화석들은 현존하는 포유류들의 더 크고 멸종한 버전처럼 보였다. 그러니까 현생 포유류들이 더 오래되고 사멸한 종들에서 유래했음을 시사했다. 다윈은 생명의 조직이 불규칙적으로 여기저기 가지를 뻗은, 그중에는 죽어가는 가지도 있고 새로 생겨나기 시작한 가지도 있는 나무와도 같다고 상상하기 시작했다. 그가 어떤 한 지역에서 본 동물들의 비슷한 특징들은 하나의 가지에서 나왔기 때문인지도 몰랐다. 그러다가 노트의 36쪽에서 그는 "나는 생각한다"라고 적고 그 밑에 그림 하나를 그렸다(그림 3.2).

단순하고 조잡한 스케치에 불과했지만 다윈의 그림은 급격하게 새로운 생명관을 담고 있었다. 하나의 종이 살짝 다른 새로운 종으로 이어지고 그것이 다시 자손의 종을, 다시 그 아래 자손의 종을 만드는 종의 계보가 바로 그것이다. 다윈의 대담한 발상은 아이가 부모에게서 태어나듯 자연스럽게 새로운 종이 기존의 종에서 태어난다는 것이었다. 이로 인해 특별한 창조론은 다윈의 마음속에서 설 자리를 잃었다.

다음으로 다윈이 관심을 쏟은 것은 새로운 종이 어떻게 만들어지는가 하는 것이었다. 1838년 가을에 그는 경제학자 토머스 맬서스가 40년 전에 쓴 『인구의 원리에 관한 소론』을 어쩌다 재미로 읽게 되었다. 맬서스는 인구가 어떻게 식량 공급보다 빨리 증가해서 가난, 기근, 죽음으로 이어지는지를 강조했다. 다윈은 같은 힘들이 자연에서도 작동하며 많은 식물과 동물들이 살아남을 수 있는 것보다 더 많은 자손을 생산한다는 것을 잘 알고 있었다. 그리고 자신이 수집한 표본을 통해 개체가 다르다는 것도 알고 있었다. 그 순간 번뜩이는 깨달음이 또 한 번 내리쳤다. "이런

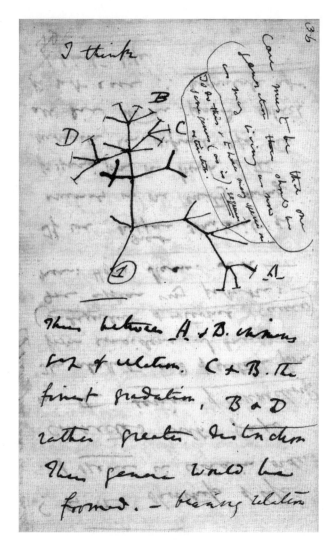

그림 3.2. 자연을 대하는 다윈의 새로운 관점

다윈이 처음으로 그린 '생명의 나무' 그림. 기존의 종에서 새로운 종들이 가지를 치며 뻗어간다.

환경에서는 호의적인 변이는 보존되고 그렇지 않은 변이는 도태되는 경향이 있다는 생각이 문득 들었다. 그런 결과가 새로운 종의 형성일 것이다."[15] 다윈은 이와 같은 변이의 보존과 도태를 '자연선택'이라고 명명했다.

장대한 여행을 마치고 불과 2년 만에 스물아홉의 다윈은 자연선택으로 종의 기원을 설명하는 이론을 생각해냈다. 하지만 그의 이론은 이후 20년간 빛을 보지 못했다.

다윈이 그토록 오랫동안 공개를 미루었던 이유는 많은 학자들의 궁금증을 자아냈다.[16] 다윈은 적어도 처음에는 시기상조라고 믿었던 듯하다. 자신의 질문에 대답해줄, 그리고 과학자 집단과 그 밖의 사람들이 틀림없이 제기할 의심의 눈초리를 잠재워줄 더 많은 증거, 훨씬 더 많은 증거가 필요했다. 그래서 그가 나중에 한 친구에게 설명했듯이 "종의 실체와 조금이라도 관련되는 사실들은 무엇이든 다 모으기로 마음먹었다."[17]

이후 15년간 다윈은 자신의 이론과 관련되는 온갖 사실들과 관찰들을 수집했다. 그러면서 당시 어떤 박물학자보다도 왕성한 활동을 보였다. 그는 자신의 여행을 주제로 한 대중적인 여행기 한 권, 비글호를 타고 방문했던 장소들의 지질학과 동물학을 다룬 아홉 권짜리 책, 산호초 형성에 관한 새롭고 궁극적으로 옳은 이론을 개진한 논문, 따개비에 관한 네 권짜리 책을 썼으며, 게다가 열 명의 자녀까지 두었다!

마침내 1855년에 그는 사촌에게 이런 편지를 썼다. "종은 불변

한다는 생각을 지지하거나 반박하는 사실들과 주장들을 내가 모을 수 있는 한 모두 담은 책을 쓰기 위해 이삼 년간 준비하면서 노트에 이런 자료들을 모으고 비교하는 일에 열심이라네."[18] 그러면서 이렇게 덧붙였다. "나 자신과 관련하여 단연코 최고의 수확은 지긋지긋한 따개비를 마침내 끝냈다는 거야."

이제 그는 준비를 마쳤다.

다윈의 다른 새

그러니까 거의 준비를 마친 셈이었다.

다윈은 남들에게 자신의 이론을 설득시키는 도전이 어느 정도는 상상력을 발휘해야 하는 일이라고 이해했다. 그의 이론이 옳다면 예컨대 핀치새 같은 하나의 조상 종은 시간이 흐르면서 무수히 많은 종들을 낳을 수 있었다. 그러나 그와 같은 다양함이 생기려면 시간이 얼마나 걸릴지 모르며(아마 막대한 시간이 필요할 것이다), 그 사이의 단계들이 분명하지 않았다. 그는 다양한 여러 형태들이 하나의 조상에서 비롯되었음을 어떻게 입증할 수 있었을까? 그리고 그는 자연선택이 생명의 다양한 모습을 만들 만큼 막강하다는 것을 어떻게 보여줄 수 있었을까?

다윈의 대답은 비둘기였다!

비둘기 육종은 당시 영국 전역을 휩쓴 유행이었다. 비둘기는 가격이 저렴하고 쉽게 키우고 교배할 수 있어서 계급과 소득을

그림 3.3. 야생 바위비둘기와 육종 비둘기 품종
다윈의 『가축화에 따른 동물과 식물의 변이』(1868)에 나오는 비둘기 품종 그림들을 모아놓은 것이다. 야생 바위비둘기는 왼쪽 상단에 있다.

가리지 않고 모두가 즐겼다. 파우터, 런트, 토이, 캐리어, 팬테일, 텀블러 등의 여러 품종은 깃털의 색깔과 수, 패턴이 제각각일 뿐만 아니라 골격과 부리의 크기, 모양도 달랐다. 워낙 차이가 뚜렷했기에 육종가들은 저마다 다른 야생종들의 후손이라고 믿었다. 하지만 다윈은 모든 품종이 바위비둘기(콜룸바 리비아)라고 하는 하나의 종에서 나왔다고 생각했다(그림 3.3).

다윈은 놀랄 정도로 다양한 비둘기들의 모습을 보고 갈라파고스 핀치새들과 같은 집단의 완벽한 대체제라고 생각했다. 육종가의 솜씨는 다양한 형태를 선별한다는 점에서 자연과 비슷한 역할을 하는 셈이었다.

다운이라는 마을에 있는 다윈의 대저택을 찾은 사람들은 당연히 위대한 박물학자가 서재에 앉아서 노트와 책을 들여다보며 생각에 잠긴 모습을 보게 되리라 기대했다. 하지만 1855년 5월부터는 아마도 정원 뒤쪽에 새장을 지어놓고 자신의 비둘기들을 감탄하며 바라보는, 혹은 비둘기 사체를 끓이거나 골격의 치수를 재는 그의 모습을 보았을 가능성이 크다.

평소 은둔하기를 좋아했던 다윈은 비둘기 전시회에 다니기 시작했고, 심지어 비둘기 육종 클럽 두 곳에도 가입했다. 15년간 동료 박물학자들과 어울렸던 그는 이제 새로 알게 된 사람들에게서 그들이 줄 수 있는 모든 정보를 캐냈다. 그가 키우는 비둘기 무리는 거의 90마리까지 늘어났으며 비둘기에 대한 그의 애정도 그만큼 커졌다.[19] 다윈은 저명한 지질학자 찰스 라이엘을 집으로 초대하며 이렇게 말했다. "당신에게 내 비둘기들을 보여주겠소! 인간에게 베풀 수 있는 최고의 대접이라고 생각하오."[20]

다윈은 육종가들이 새들을 교배시킬 때 훈련받지 않은 눈에는 보이지 않는 미묘한 특징들을 알아보는 눈썰미에 무엇보다 감명을 받았다. 그는 각각의 품종을 규정하는 형질들, 예컨대 부리의 길이나 꼬리깃털 수가 천차만별이라는 것을 알게 되었다. 육종가들이 얻으려고 한 것은 크기나 형태의 거대한 변화나 갑작스러운 변화가 아니라 전체적인 모습에서 나타나는 보다 미묘한 변화들이었으며, 어떤 형질의 경우 변화의 기준이 16분의 1인치

이내였다.[21]

다윈은 몸소 행한 육종 실험에서 순종 육종가들 사이에 금기로 통했던 방식을 시도했다. 서로 다른 품종을 교배시키는 것이었다. 그는 모든 잡종이 번식력에 아무 문제가 없다는 것을 확인했다. 그리고 그는 흰색 팬테일과 검은색 바브를 교배시키고 그렇게 해서 나온 잡종들을 서로 교배시켜서 야생 바위비둘기와 무늬가 대단히 흡사한 파란색 비둘기를 얻었다! 다윈에게 이런 두 결과는 모든 품종이 하나의 야생 조상 종에서 나왔음을 의심의 여지없이 확인시켜주는 것이었다.[22]

그가 비둘기를 연구하며 여러 해를 보낸 것은 성과가 있었다. 덕분에 그는 박물학자들의 의구심을 방어할 논리를 훨씬 든든하게 확보할 수 있었다. 다윈은 자신의 이론을 구축하고 나서 신임하는 몇몇 동료들에게 자신의 견해를 밝혔고, 다른 많은 학자들에게는 그것이 자신의 이론임을 밝히지 않고 어떻게 생각하는지 알아보았다. 그는 자연사 지식이 빠르게 늘어나고 있었음에도 "종의 불변성에 의심을 품는 것처럼 보이는 사람은 단 한 명도 만나보지 못했다"고 적었다.[23]

비둘기 연구에서 힘을 얻은 다윈은 이렇게 썼다. "박물학자들은…… 자연 상태에서 종이 다른 종의 직계 후손이라는 생각을 비웃을 때 신중해야 한다는 교훈을 배우게 되지 않을까?"[24] 이런 박물학자들 가운데 예외가 한 명 있었다. 1858년 앨프리드 러셀 월리스는 다윈에게 그의 종의 이론과 사실상 똑같은 생각이 담긴 짧은 원고를 보냈다. 월리스는 아마존을 4년간 탐험했으며(돌아올 때 그가 타고 있던 배가 불타 가라앉기도 했다), 이어 말레이 제도를 두루 돌아다녔다. 이런 여행에서 월리스는 다윈이 본 것과 대단히 유사한 패턴을 목격했다. 살짝 다른 종들이 인근의 섬에 살았고, 같은 종의 개체 간에 변이가 심했으며, 동식물들이 살아남을 수 있는 것보다 훨씬 많은 자손을 생산했다. 그리고 월리스도 맬서스의 책을 읽었다.

월리스의 논문과 다윈의 짤막한 발췌 글이 1858년에 한 전문 저널에 함께 실렸는데 거의 아무도 주목하지 않았다. 이듬해에 다윈이 자신의 대작을 마무리하고 여기에 '자연선택에 의한 종의 기원에 관하여, 혹은 생존을 위한 노력에서 유리한 종들의 보존에 관하여'라는 제목을 붙여 출판하자 그제야 세상이 여기에 관심을 보였다.

역사상 가장 중요한 책 가운데 하나의 맨 첫 장은 무려 10페이지나 비둘기에 할애되었다(반면 대부분의 사람들이 갖고 있는 인상과 달리 이 책 어디에도 핀치새에 관한 언급은 없다!).

자연선택의 힘

『종의 기원』은 다윈이나 그의 이론에 종착지가 아니라 새로운 갈래의 여정을 시작하는 출발점이었다. 마침내 세상에 공개된 그의 아이디어와 증거는 과학계와 대중의 면밀한 검토를 받게 되었다. 박물학자들은 자신들이 도무지 납득되지 않거나 받아들일 수 없는 사안을 집중적으로 파고들었다. 다윈이 자연적인 (신을 배제한) 종의 기원을 설명한 것에 대해 과학 저널과 대중 잡지 모두 적대적인 리뷰 일색으로 반응했다.

몇몇 과학자들이 자신의 유신론적 견해와 다윈/월리스의 새로운 이론을 화해시키고자 했다. 하버드 대학의 저명한 식물학자이자 독실한 장로교 신자였던 애서 그레이도 그중 한 명이었다. 다윈은 자기 이론의 강력한 지지자이면서 『종의 기원』의 미국 초판 발행을 이끌었던 그레이와 길고 상세하고 무척이나 화기애애한 편지를 주고받았다.

"무신론자 입장에서 글을 쓸 마음은 없지만, 나 자신도 그렇게 원하듯이 남들처럼 분명하게 내가 세상의 모든 구석에서 설계와 은혜의 증거를 보지 못한다는 것을 밝히는 바입니다."[25] 다윈은 그레이에게 이렇게 속마음을 털어놓았다. "내가 보기에 세상에는 너무도 많은 비참함이 있어요. 은혜롭고 전능하신 신이 맵시벌을 창조하면서 살아 있는 애벌레의 몸속에 알을 낳아 그것을 파먹도록 설계했다고는, 혹은 고양이가 생쥐를 갖고 놀도록 신이 창조했다고는 도저히 이해가 되지 않습니다."

다윈은 자연선택을 '최고로 막강한 힘'[26]이라고 여겼으며 그것이 작동한다는 증거를 계속해서 찾았다. 그레이는 다윈이 새롭게 빠져든 난초 연구에 아낌없이 도움을 주었다. 『종의 기원』을 끝내고 나서 다윈은 예전에 따개비와 비둘기 연구에 몰두했듯이 식물에 대한 포괄적인 연구에 뛰어들었다. 그는 늘 그랬듯이 전세계 식물학자들에게 정보를 구하고 표본을 보내달라고 부탁했다. 그리고 늘 그랬듯이 남다른 천재성을 발휘하여 자신의 주장을 지지하는 예리한 발견들을 해냈다.

아름다운 식물의 모습에 매료된 다윈은 꽃가루를 통한 타가수분에 특별히 주목했다. 그는 곤충들을 자신의 꽃으로 불러들여 꽃가루를 몸에 묻히게 하려고 식물 종마다 다른 부위를 활용하여 만든 다양한 장치들을 보고 감명을 받았다.

다윈은 "동일한 목적을 얻으려고 마련된…… 구조가 한없이 다양"[27]하다는 것을 발견하면서 자신을 비판하는 자들의 '허를 찌를' 기회를 삽았다. 그는 독자들이 아름답고 널리 알려진 식물들을 좋아한다는 사실에 편승하여 그들을 특별한 창조론 대신에 진화적 설명에 귀 기울이도록 만들었다. 자연선택으로도 다양한 식물에 나타나는 여러 변이들을 얼마든지 만들 수 있는데, 왜 전능한 신이 정확히 동일한 목적을 위해 그토록 다양한 변이들을 굳이 수고스럽게 만든단 말인가?

다윈은 『영국과 외국의 난초들이 곤충에 의해 수정이 이루어지는 다양한 장치들에 관하여』라는 책을 완성하기 바로 전에 수분 장치를 전례 없는 새로운 수준으로 끌어올린 마다가스카르산 별난초(안그레쿰 세스퀴페달레) 표본을 손에 넣었다. 그는 흥분하여 영국의 식물학자 친구 조지프 후커에게 편지를 썼다. "방금 베이트먼 씨가 보낸 상자를 받았는데 놀랍게도 꿀샘 길이가 1피트

그림 3.4. 별난초와 나방

왼쪽, 별난초(안그레쿰 세스퀴페달레)는 꽃가루가 담긴 꿀샘이 이례적으로 길다.
오른쪽, 발견되기 수십 년 전에 다윈이 그 존재를 예측했던 크산토판 모르가니 프레딕
타 나방은 난초의 꿀샘에 닿아 꽃가루를 묻힐 수 있도록 이례적으로 긴 주둥이를 가졌다.

나 되는 안그레쿰 세스퀴페달레가 들어 있었네. 맙소사, 대체 어
떤 곤충이 그것을 빨아먹겠나?"[28]

다윈은 아름답고 희귀한 이 난초의 꽃에서 무척 달콤한 꿀이
나온다는 것을 알아냈지만, 그것은 꽃잎 아래로 길게 뻗은, 길
이가 거의 12인치에 이르는 채찍처럼 생긴 녹색 거(距)의 깊숙
한 곳에 위치해 있었다.[29] 지금까지 그가 본 어떤 난초보다 꿀샘
이 훨씬 더 길었다(그림 3.4). 좁은 도구를 사용하여 긴 거를 살펴
본 다윈은 꿀샘 바닥에 다다랐을 때에만 꽃가루가 묻는다는 것

을 알아냈다. 여러 곤충들이 꽃가루를 운반하는 방식을 연구했던 그는 어떤 나방의 긴 혀가 저 아래 꿀을 빨아먹으면서 꽃가루를 묻혀 가는 것이라고 추정했다. "그 꿀을 빨아먹는 나방은 틀림없이 독특한 주둥이를 갖고 있을 거야!"[30] 다윈은 후커에게 말했다. 아직은 그런 나방이 발견되지 않았지만, 다윈은 자신의 책에서 과감하게 예언을 했다. "마다가스카르에는 10~11인치 길이로 주둥이를 길게 뻗는 나방이 틀림없이 존재한다."[31]

다윈에게 별난초의 그런 극단적인 모습은 자연선택의 힘이 누적되면 하나의 형질을 어떤 방향, 어떤 길이로도 바꿀 수 있음을 보여주는 놀라운 예였다. 육종가들이 인위적 선택을 통해 육종 비둘기, 그레이하운드, 뿔이 긴 소 등 극단적인 형태를 얼마든지 만들어내는 것처럼 자연선택도 화려한 깃털의 딱따구리, 목이 긴 기린, 꿀샘 길이가 1피트에 이르는 난초 등 극단적인 생물을 만들 수 있다고 다윈은 확신했다. 그러니 터무니없이 긴 혀를 가진 나방이 왜 없겠는가?

난초와 확인되지 않은 나방의 극단적인 형태를 설명하기 위해 다윈은 일종의 군비 경쟁 이론을 생각해냈다.[32] 나방에 작용한 자연선택은 난초의 꿀에 닿을 수 있도록 더 긴 주둥이를 갖는 것을 선호했고, 난초에 작용한 자연선택은 나방이 주둥이를 확실하게 삽입해서 꽃가루를 묻히도록 더 긴 꿀샘을 갖는 것을 선호했다고 말이다.

다윈이 확신했던 자연선택은 사실임이 밝혀졌다. 그의 예언이 있고 41년이 지나서, 즉 그가 죽고 21년 만에 주둥이 길이가 11인치인 크산토판 모르가니 프레딕타라는 나방이 마다가스카르에서 발견되었다(그림 3.4).[33]

더 긴 혀와 더 긴 꿀샘을 갖는 방향으로 군비 경쟁이 일어난다는 다윈의 생각도 탁월한 선견지명으로 밝혀졌다. 한 세기가 조금 더 지나서 남아프리카에서 박각시나방과 붓꽃의 야생종 개체군을 연구하여 혀의 길이와 꿀샘의 길이에 상당한 변이가 있음을 확인했으며, 꿀샘이 더 긴 식물이 혀가 더 긴 나방을 통해 자신의 꽃가루를 퍼뜨리는 데 실제로 더 성공한다는 것을, 그러니까 자연선택이 이런 쪽을 선호한다는 것을 입증했다.[34]

꿀을 빨아먹기 위해 입 부위가 극도로 길게 발달한 것은 나방만이 아니다. 칼부리벌새는 부리의 길이가 10센티미터이며,[35] 남아프리카에는 주둥이가 5.7센티미터인 어리재니등에가 살고, 에콰도르 운무림에는 혀가 8.5센티미터(몸 전체 길이의 1.5배)인 박쥐[36]가 산다.

맙소사, 어떤 동물이 그것을 빨아먹느냐고? 바로 이런 동물들이 빨아먹는다.

그러나 어쩌면 다윈과 우리에게는 이보다 더 중요한 질문이 있다. 자연선택이 그토록 터무니없이 기다란 부리, 코, 목, 혀를 만들 수 있다면, 거대한 뇌를 가진 원숭이는 훨씬 더 대단한 위업이 아닐까?

다윈과 우연

하지만 자연선택을 둘러싼 의심의 목소리는 진화론 논란의 절반에 불과했다. 다윈은 자연선택이 종의 개체 간에 존재하는 변이에서 작용한다고 주장했다. 무엇이 그런 변이를 일으키는지를 두고 반대자들뿐만 아니라 지지자들 사이에서도 상당한 논의와 논쟁이 일어났다. 다윈은 본인은 물론 그 누구도 변이의 직접적인 원인이나 유전의 법칙을 알지 못한다고 솔직하게 인정했다.[37] 하지만 『종의 기원』의 여러 대목에서 그는 변이의 우발적 속성을 언급했다.[38]

다윈은 변이의 출현에 확률의 요소가 있다는 것을 확실히 알고 있었다. 그는 가금류 육종가들이 많은 개체들을 키운다는 사실을 지적했다. "인간에게 명백히 유용하거나 흡족한 변이는 아주 가끔씩만 일어나므로 많은 수의 개체들을 키움으로써 그 변이가 출현하는 기회를 대폭 늘일 수 있다."[39] 그는 자연에서도 사정이 같을 것이라고 추론했다. "개체수가 많은 형태는 개체수가 더 적은 희귀한 형태보다 특정 기간에 자연선택이 활용하도록 이로운 변이들을 제공할 기회가 언제나 더 많을 것이다."[40]

몇몇 대목에서 다윈은 변이가 '우발적'이라고 노골적으로 기술했다.

"우발적으로 신체 크기와 형태에 변이가 일어나…… 개체가 먹이를 더 빨리 획득할 수 있어서 결과적으로 살아남고 자손을 남길 가능성이 더 높아진다는 사실을 의심할 이유가 없다."[41]

"식물과 마찬가지로 동물에서도 상당한 폭의 구조의 변화는 많고 사소하고 우리가 우발적이라고 부를 수밖에 없는, 아무튼 이로운 변이들이 축적됨으로써 이루어질 수 있다."[42]

비판하는 자들은 우발적 변이가 담고 있는 의미를 물고 늘어졌다. 조물주나 지성이 행하는 역할을 부정하는 것이기 때문이다. 이것은 많은 사람들이 다윈의 이론을 받아들이지 못한 이유였다. 조물주가 창조의 과정을 이끌어간다는 생각을 선호했던 그레이로서도 우발적 변이는 받아들일 수 없었다. 다윈은 자신이 목격한 수많은 변이들이 신의 개입의 필요성을 완전히 몰아냈다고 생각했으므로 변이가 설계되거나 창조되었다는 생각을 거부했다. 다윈은 비둘기와 딱따구리에 대한 그레이의 추론을 이렇게 반박했다.

"애서 그레이와 몇몇 사람들은 각각의 변이를, 그러니까 적어도 유익한 변이는…… 신의 섭리에 따라 설계된 것으로 본다. 하지만 인간이 계속적인 교배를 통해 파우터나 팬테일로 만드는 바위비둘기의 변이가 인간의 즐거움을 위해 신이 설계한 것이냐고 내가 묻자 그는 어떻게 대답해야 할지 몰랐다. 만약에 이런 변이가 목적과 관련해서는 우발적인 것임을 그가, 혹은 누구든 인정한다면, …… 아름답게 잘 적응한 딱따구리의 모습이 변이의 축적을 통해 형성되는 것이 신의 설계에 따른 것이라고 봐야 할 이유가 없다."[43]

하지만 변이의 원인과 우연의 역할을 이해하는 것은 괴물 같은 마다가스카르 나방을 찾는 것보다 훨씬 까다로운 일이었다. 한 세기가 지나는 동안 누구도 변이가 무엇인지 말하지 못했고, 최근에서야 우리는 우연을 현행범으로 붙잡을 수 있었다.

4장 무작위

부정적인 언론의 계속되는 코브피피 covfefe에도 불구하고
— 도널드 트럼프의 2017년 5월 31일자 트위터 게시글

나는 여덟 살 때부터 야구 경기 박스 스코어를 읽기 시작했다. 아침이면 집 앞 계단으로 달려가 『타임스』—『뉴욕 타임스』가 아니라 내가 사는 동네에서는 『톨레도 타임스』—를 집어 들고는 선수들이 시합에서 어떤 활약을 펼쳤는지 확인했다. 타율 순위는 일요일자 신문에만 나왔으므로 평범한 아이들이 그렇듯 나 역시 남들에게 뒤지지 않으려고 주중에 매일 내가 좋아하는 선수들의 성적을 셈했다.

1974년 6월 14일 금요일, 나는 워터게이트 스캔들 보도를 빠르게 넘기며 중요한 정보를 확인했는데, 실망스럽게도 목요일에

Tigers Edge Reds In Exhibition

DETROIT (AP) — Detroit got three runs on a pair of early homers and added a big seventh ining to defeat Cincinnati of the National League 5-3 in their inter-divisional Sandloot Benefit exhibition baseball game Thursday night.

Detroit opened up the scoring in the first inning when Mickey Stanley walloped a bases empty shit, and added a pair in the second on a two run blast by Jim Northrup off starter Tom Hall.

그림 4.1. 1974년 6월 14일자 「톨레도 타임스」

는 대부분의 팀들이 시합이 없었다. 하지만 나의 실망은 오래가지 않았다.

톨레도에 많은 팬들이 있는 인근 메이저리그 팀 디트로이트 타이거스가 신시내티 레즈와 자선 시범 경기를 했기 때문이다. 리그 순위나 통계에는 잡히지 않는 시합이었지만, 그래도 나는 신문에서 단신 기사를 오려 거의 반세기 가까이 보관해두고 있었다. 어떤 내용인지 여러분도 한번 확인해보시라(그림 4.1).

기사에는 세 차례 실수가 있지만, 내 시선을 끈 것은 'o'가 들어갈 자리에 'i'를 넣은 철자 오류였다. 아주 재밌는 오류라고 생각했다(지금도 그렇게 생각한다).

실수로 벌어진 일이라고 본다. 물론 익명의 스포츠 기자가 "아무도 이것을 읽지 않을 테니 장난이나 쳐볼까" 하고 생각했을 수도 있다. 나는 나중에 다른 오하이오 지역 신문 몇 개를 찾아서 똑같은 내용을 다룬 기사를 확인했는데, 거기서는 미키 스탠리가 주자가 없는 상황에서 '홈런shot'을 쳤다고 했다.

아무튼 누군가가 이 일로 해고되었을 것 같지는 않다.

보다 심각한 경우도 있다. 빅토리아 여왕이 웨일스에 들러 이제는 역사적 유산이 된 메나이 브리지를 방문하고 난 뒤에 런던의 『타임스』는 이렇게 보도했다. "여왕은 참으로 멋진 건축물을 바라보며 우아하게 오줌을 눴다."[1] 영국 왕실이 이 기사를 보고 웃었을 것 같지는 않다. 『워싱턴 포스트』의 보도에 백악관도 마찬가지로 웃을 수 없었다. 윌슨 대통령이 곧 결혼하게 되는 이디스 갤트와 함께 저녁에 극장을 찾았을 때 그 신문은 이런 기사를 내보냈다. "대통령은 한동안 약혼녀를 즐겁게 해주느라 온통 정신이 팔려 있었다." 『워싱턴 포스트』는 기사가 나간 신문을 회수했지만 이미 일부가 가판대에 깔린 뒤였다.[2]

케네디, 클린턴, 트럼프의 연애 행각이 알려지고 나서 다음의 문구가 적힌 1631년판 킹 제임스 성경(일명 사악한 성경)을 백악관 침실 탁자에 두었을지 궁금하다.

어이없는 실수는 일곱 번째 계명(14행: 간음하라)만이 아니었다. 신명기 5장 24절에 보면 이런 보석 같은 구절이 나온다.

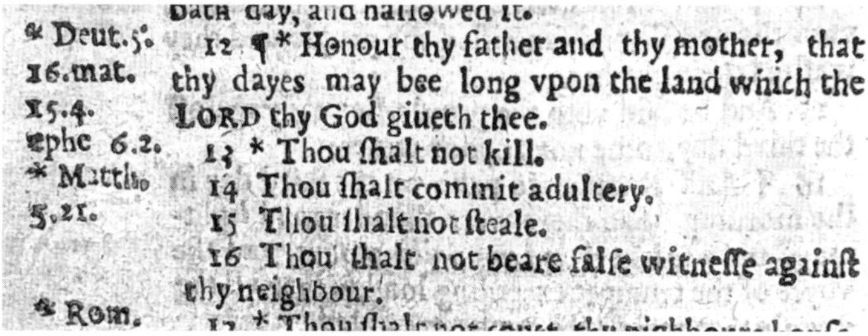

the day, and hallowed it.

* Deut.5.
16.mat.
15.4.
ephe 6.2.
* Matth.
5.21.

* Rom.

12 ¶* Honour thy father and thy mother, that thy dayes may bee long vpon the land which the LORD thy God giueth thee.
13 * Thou shalt not kill.
14 Thou shalt commit adultery.
15 Thou shalt not steale.
16 Thou shalt not beare false witnesse against thy neighbour.
17 * Thou shalt not couet thy neighbour...

그림 4.2. 1631년판 킹 제임스 성경의 십계명

"보아라, 우리 하나님께서 자신의 영광과 자신의 위대한 엉덩이great-asse를 우리에게 보이셨나니." 영광스럽다는 데는 이의가 없지만, 그 뒤 단어의 올바른 철자는 'greatnesse'다.

신성모독은 일 년이나 발각되지 않았다.[3] 찰스 1세 국왕은 화가 치밀어서 문제의 책을 모두 소각하고 인쇄업자에게 내준 허가를 취소하도록 명령했다. 업자 한 명은 채무자 감옥에서 죽었다.

단 하나의 철자나 단어로 엄청난 차이가 만들어진 것이다.

생명의 알파벳도 마찬가지다. 유전적 텍스트에서 벌어지는 많은 철자 오류는 의미를 바꾸지 않거나 무해한 횡설수설을 살짝 일으키는 정도이지만, 어떤 변화는 생명체의 외양, 활동, 행동에 커다란 영향을 미칠 수 있다. 더 좋은 쪽으로도, 더 나쁜 쪽으로도 바꿀 수 있다.

최근에 유전적 텍스트의 작은 부분에서 일어나 역사를 바꾼 철자 오류의 예를 다음에 소개한다.

| 이런 원본이 | KKKYMMKHL |
| 하나의 철자 오류로 이렇게 바뀌었다. | KKKYRMKHL[4] |

M이 R로 바뀐 사소한 실수 때문에 3500만 명이 넘는 사람들이 죽고 말았다.

어떻게 그토록 작은 변화가 그토록 치명적일 수 있을까? 이 문제는 조금 뒤에 살펴보겠다.

문제의 핵심은 그런 변화를 일으킨 원인이다. 자크 모노는 50년 전에 주장하기를 유전적 텍스트에서 일어나는 모든 변화(돌연변이)가 우연의 문제이며, **그것이 어떤 결과로 이어지든 간에 무작위로 일어나는 우발적 사건**이라고 했다. 그가 내린 철학적 결론 모두는 그와 같은 주장의 진실성에 달려 있다.

모노의 주장이 대담한 것은 당시에는 DNA 돌연변이와 관련한 **직접적** 지식이라고 할 만한 게 거의 없었기 때문이다. 1970년에 과학자들은 살아 있는 생명체의 유전적 텍스트에 접근하지 못했고 DNA 염기서열을 해독할 방법이 없었다. 그러던 상황이 최근 들어 급격하게 바뀌어 오늘날에는 마음만 먹으면 모든 생명체, 모든 사람의 DNA를 알 수 있다. 죽은 사람이나 멸종한 종의 DNA도 말이다.

어렵게 얻은 이런 능력 덕분에 우리는 모노의 주장을 검증하고, 생명의 도서관에서 일어나는 철자 오류를 추적하고, 그것이 저지른 실수들을 찾아낼 수 있는 막강한 힘을 갖게 되었다. 한편 훨씬 더 막강한 기술은 우리에게 생명의 기제를 더 깊이 들여다 보도록 하여 마침내 우리는 우연을 현장에서 붙잡았다.

10억분의 1

돌연변이의 무작위성에 해당하는 사례를 검증하려면 먼저 어떤 조건이 충족되어야 하는지 이해해야 한다. 세 가지 수준을 고려해야 한다. 생물의 개체군 수준에서 작용하는 무작위성, DNA 수준에서 작용하는 무작위성, 기제 수준에서 작용하는 무작위성이 그것이다.

개체군에서 특정한 돌연변이가 무작위로 일어난다고 말하려면

(1) 이것이 가져올 결과와는 무관하게 돌연변이가 일어나고,

(2) 해당 개체가 사전에 이를 알거나 예측할 수 없어야 한다.

개체 내에서 돌연변이가 무작위로 일어난다고 말하려면 DNA에서 이것이 일어나는 양상이 무작위적 분포를 보여야 한다.

DNA 내에서 무작위적 돌연변이란 우연이 지배하는 기제에 의해 생성되는 것을 말한다.

모노가 확보한 증거는 첫 번째 수준에 해당하는 것이었다(이것밖에 없었다).

페니실린 같은 강력한 항생제가 처음 개발되고 얼마 지나지 않아 임상의들과 연구자들은 항생제 내성균이라는 현상을 마주치게 되었다. 이런 놀라운 신약으로 치료를 받은 몇몇 환자들이

더 이상 약에 반응하지 않는 박테리아에 감염된 것이다. 고립된 내성균은 세대를 거치면서 안정적인 모습을 보여 내성이 유전된 어떤 돌연변이에 의한 것임을 입증해 보였다.

이런 항생제는 박테리아가 이전에 접했을 리가 없는 새로운 화학물질이므로 내성 돌연변이가 어떻게 유래했는지 수수께끼였다. 약물의 등장으로 인해 박테리아가 내성을 갖는 방향으로 돌연변이가 일어났을까? 아니면 내성 돌연변이가 무작위로, 즉 약물의 존재와는 무관하게 일어났고, 운 좋은 내성균이 약물 덕분에 번성할 수 있었을까?

두 가지 설명 가운데 어느 쪽이 옳은지 판별하기가 어려웠다. 그러던 중 젊은 미생물학자 에스더 레더버그와 조슈아 레더버그가 명민한 팀을 이뤄 기발하고 우아한 실험을 생각해냈다.[5] 레더버그 부부는 한 번도 항생제를 접하지 않은 박테리아를 대상으로 내성이 있는지 여부를 판별하는 방법만 찾는다면 항생제가 돌연변이의 형성에 꼭 필요한지 아닌지 답할 수 있으리라 생각했다. 문제는 내성 돌연변이가 10억 개 이상의 박테리아에서 겨우 하나 나타날 정도로 정말 극히 드물다는 것이었다. 그토록 거대한 모래사장에서 바늘 하나를 어떻게, 연구하는 것은 고사하고, 찾을 수나 있을까?

박테리아의 특성을 연구할 때는 영양물질이 들어 있는 한천agar(해조류로 만든 끈적끈적한 물질) 같은 고형 배지에서 균을 키우는 식으로 한다. 박테리아는 한천 평판의 표면 곳곳에 군집을 형성한다. 레더버그 부부의 핵심적인 기여는 수많은 박테리아 군집이 있는 평판과 똑같은 복제판을 만드는 방법을 알아냈다는 것이다. 평판을 멸균 처리된 벨벳 헝겊에 대고 꾹 누른 다음, 그 헝겊을 다시 새 평판 표면에 대고 누르는 것이다. 헝겊이 충분한 수의 박테리아를 포집하므로 원판으로 복제판을 여러 개 만들 수 있다.

항생제 내성 돌연변이가 어디서 나왔는지 알아내기 위해 레더버그 부부는 먼저 항생제가 없는 평판에서 균을 키웠고, 이어 항생제가 포함된 여러 평판들에서 복제된 군집을 키웠다. 그러자 항생제 내성 군집이 항생제가 포함된 평판들에서 몇 개 자랐다. 이런 돌연변이는 항생제가 야기한 것일 수도 있었다. 하지만 그것은 복제품이므로 레더버그 부부는 원판으로 돌아가 내성 돌연변이가 **항생제를 결코 접한 적이 없는** 원래의 군집에 존재했다는 것을 증명할 수 있었다(그림 4.3).

레더버그 부부는 같은 기술을 이용하여 박테리아의 다른 형질들, 예컨대 바이러스 감염에 대한 내성도 우연히 발생하며, 전에 바이러스나 다른 특정한 환경에 접했던 경험과 무관하다는 것을 보여주었다.

이제는 고전이 된 그들의 실험은 그야말로 단순한 기술의 개가였다. 필요한 도구는 배양접시와 헝겊, 간단하게 마련할 수 있는 영양물질이 전부였다. 비용도 오늘날 화폐 가치로 50달러면 충분했다.

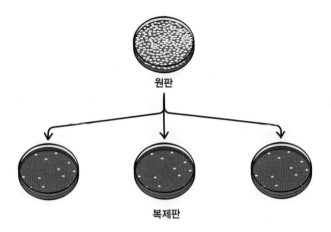

그림 4.3. 돌연변이가 개체군에서 무작위로 일어난다는 것을 보여준 실험
레더버그 부부는 항생제가 없는 평판(원판)에서 균을 키웠고, 이어 항생제가 포함된 여러 평판들에서 똑같이 복제한 균을 키웠다. 몇몇 항생제 내성 군집이 서로 다른 평판들의 똑같은 자리에서 자라남으로써 원판의 원래 군집이 항생제가 없는 상태에서, 다시 말해 무작위로 내성을 진화시켰음을 입증해 보였다.

그러나 참으로 난감한 상황이 이를 가로막고 있었다. 그들의 연구가 나온 1951년은 DNA 구조가 밝혀지기 전이었으며, 유전에서 DNA가 행하는 역할을 두고 여전히 의문들이 남아 있던 시절이었다. 당시 누구도 돌연변이가 물리적 실재로서 어떤 것인지 전혀 알지 못했다.

이런 상황은 곧 바뀔 터였다.

유레카!

이 문제의 돌파구는 근본적인 여러 질문들에 단번에 해답을 제시한, 과학에서 극히 드문 사례로 꼽힌다. 핵심적인 두 가지 상세한 내용은 무작위라는 핵심 사안에서 곧 다시 등장하므로 찬찬히 살펴보자.

프랜시스 크릭과 제임스 왓슨은 1951년부터 1953년까지 이따금씩 시간을 내서 DNA 구조의 수수께끼에 매달렸다. 여러 차례 실패를 맛본 왓슨은 로절린드 프랭클린이 엑스선으로 촬영한 DNA 결정 사진에서 중대한 단서를 얻었다. 그러다가 1953년 2월 어느 토요일 아침, 그는 DNA를 구성하는 네 가지 화학적 염기 — 아데닌(A), 구아닌(G), 사이토신(C), 타이민(T) — 의 구조 모형을 마분지로 만들어 만지작거리다가 결정적인 실마리를 떠올렸다. 오랫동안 그가 해결하지 못한 과제는 염기들이 어디서 어떻게 맞물려 전체 구조를 이루는지 알아내는 것이었다. 이제까지 왓슨은 같은 염기끼리, 그러니까 A와 A, G와 G 하는 식으로 짝을 지어 구조를 알아보았는데, 그렇게 만든 분자는 모양이 흉하고 엉망이었다.

그날 아침 왓슨은 혼자 작업하면서 염기들을 다르게 짝지어 새로운 무언가를 시도했다. 큰 염기 A와 작은 염기 T, 큰 염기 G와 작은 염기 C를 짝짓는 식으로 해보았다. 그가 이렇게 둘씩 짝지어 가까이 놓고 보니 한 염기의 화학기가 다른 염기의 화학기와 '수소 결합'을 이룰 수 있겠다는 생각이 들었다(그림 4.4, 왼쪽).

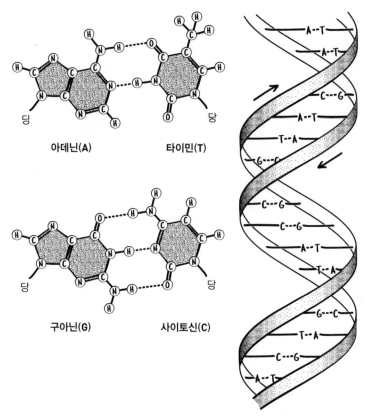

아데닌(A)   타이민(T)

구아닌(G)   사이토신(C)

그림 4.4. DNA 염기결합 규칙과 이중나선
왼쪽, 염기 A와 T, 염기 G와 C는 수소 결합을 통해 동일한 모양의 염기쌍을 이룬다.
오른쪽, DNA가 두 가닥을 이루며 양쪽 가닥의 염기들이 수소 결합으로 이어져 있는 이
중나선 모형.

아하, 그렇군. 왓슨은 A-T 염기쌍의 결합, G-C 염기쌍의 결합
이 이중나선의 두 사슬을 붙잡아두는 힘이라는 것을 곧바로 깨
달았다. 그리고 염기쌍들은 크기와 모양이 같으므로 긴 이중나

선 안쪽에서 마치 나선형 계단을 이루는 단들처럼 아래위로 말끔하게 포개질 수 있었다(그림 4.4, 오른쪽).

왓슨과 크릭은 염기결합 규칙(A와 T가 결합하고 G와 C가 결합하는)으로 세 가지 궁금증이 한꺼번에 해결되었음을 금세 알아보았다.[6] 첫째, DNA가 유전에서 맡은 일은 유전 정보를 세대에서 세대로 충실하게 전달하는 것이었다. 염기결합 규칙은 한쪽 사슬의 염기서열이 다른 쪽 사슬의 염기서열과 상호보완적인 관계를 이루며, 그렇기에 한쪽이 다른 쪽 서열을 결정한다는 뜻이다. 그래서 결합 규칙에 따라 염기서열이 충실하게 세대에서 세대로 복제될 수 있는 것이다.

둘째, DNA가 살아 있는 모든 생명체에서 유전적 텍스트가 되려면, 그러면서도 각각의 종이 차이를 보이려면 DNA 분자가 어떻게든 서로 달라야 한다. 왓슨과 크릭은 염기쌍이 긴 이중나선 구조 안쪽에서 말끔하게 맞물리므로 무수히 많은 염기서열의 순열(ACGTGATCGATTACA 등등)이 가능하다고 보았다. 각각의 종마다 고유한 유전 정보를 담은 특정 염기서열이 존재한다. 염기서열은 알파벳 네 글자로 생물권 전체를 기술한 도서관인 셈이다.

마지막으로, 유전 형질에서 변화가 일어나려면 DNA 텍스트에서 뭔가가 바뀌어야 한다. 왓슨과 크릭은 돌연변이가 염기서열의 변화 때문에 일어나는 것이라고 보았다.

과학자들이 한때 따분하고 아무 일도 하지 않는 중합체라고 생각했던 물질의 화학 작용으로부터 생명의 작동 방식을 이끌어 낸 심오한 통찰들이었다.

왓슨은 파리로 축하 여행을 떠났고, 거기서 모노를 만나 쾌거를 전했다.[7] 모노는 크게 놀랐다.

거대한 도약은 새로운 많은 질문들을 촉발시켰다. 그중 첫 번째는 네 글자의 DNA 알파벳이 어떻게 생물의 특징들과 구체적으로 연관되는 일을 하는가 하는 것이었다. 이후 십 년 동안 소수 정예 과학자들은 DNA의 염기서열이 어떻게 단백질(모든 생명체에서 모든 일을 하고 대부분의 형질을 결정하는 분자)을 만들라는 지시를 암호화하는지 알아냄으로써 유전 암호를 해독했다(더 많은 사항은 다음 장에서 알아보겠다).

모노가 생물권에서 벌어지는 모든 혁신과 변화는 유전적 텍스트가 무작위로 바뀌기 때문이라고, 그러니까 우연의 문제라고 주장했을 때, 그는 이런 새로운 생화학 지식과 레더버그 부부 같은 이들의 실험에 바탕을 둔 것이었다. 타당한 추론이었지만, 전적으로 간접적 증거에 기댄 추론이었다.

이중나선이 촉발한 두 번째 주요 질문들은 무작위성의 직접적, 물리적 증거와 바로 연결된다. 텍스트는 어떻게 복제되는가? 실수들은 얼마나 자주 일어나는가? 그리고 궁극적인 질문으로, 실수는 **왜** 일어나는가? 생물학자들은 대단한 정밀함과 세심함을 발휘하여 이런 질문들에 답하는 과정에서 놀라운 진전을 이루어 냈다.

세상에서 가장 빠른 타이피스트

DNA 텍스트를 복제하는 일은 DNA 중합효소(DNA 중합체를 만들기 때문에 이렇게 불린다)가 맡아서 한다. 이 분자 기계는 세상에서 가장 빠르고 가장 정확한 타이피스트이다.

단순한 박테리아의 유전적 텍스트를 복제하는 일을 생각해보자. 우리 인간의 장 속에 사는 대장균(에셰리키아 콜리)은 고리 모양의 염색체 하나를 가지며, 그 안에 대략 460만 개의 염기쌍과 4,000개 이상의 유전자가 들어 있다.[8] 대장균은 30분마다 개체를 두 배로 늘릴 수 있다. 그 말인즉슨 30분마다 460만 개, 즉 1분마다 15만 개의 염기를 복제해야 한다는 뜻이다. 놀랍게도 대장균은 DNA의 한 자리에서 시작해서 양쪽 방향(시계방향과 반시계방향)으로 복제 과정을 진행하는데, 그 속도가 초당 1,000개의 염기를 복제하는 수준이다. 어느 정도인지 감이 안 잡힐 것이다. 인간의 경우 1946년에 스텔라 파주나스가 IBM 전기 타자기로 1분에 216단어(대략 1,000글자)를 타이핑한 것이 최고 기록이다.[9] 평균적인 직업 타이피스트는 이것의 대략 3분의 1 속도로 작업하며, 이 책을 타이핑하는 데는 총 열여섯 시간이 소요된다. 대장균 DNA 중합효소는 이 일을 5~6분 만에 해치운다.

이제 정확성에 대해 이야기해보자. 직업 타이피스트라면 정확도가 97퍼센트는 되어야 한다. 즉 100글자를 입력하면 세 글자 정도의 오류를 허락한다는 뜻이다. DNA 중합효소를 상세하게 연구한 결과 이런 효소들은 1만 개에서 10만 개의 염기를 복제

할 때 한 번 실수하는 정도여서 99.999퍼센트의 정확도를 나타 냈다.[10]

이 정도로 감동하기는 아직 이르다. 이 수치는 시험관에서 고립된 효소를 사용하여 측정한 것이다. 박테리아 세포 내에서 실제로 일어나는 돌연변이율은 이보다 훨씬 낮아서 세대당 100억 개의 염기에서 한두 개 실수가 벌어지는 정도다. 일단 복제 기제가 잘못 삽입된 염기를 알아서 고치는 교정 기능을 갖추고 있다. 덕분에 그냥 복제하는 것보다 100배 이상 더 정확하다. 그리고 새로 복제된 DNA에서 부정확한 조합을 가려내는 다른 생화학 기제가 있으며, 이것이 정확도를 1,000배가량 더 높인다. 종합하면, 효소의 복제 실수(10만분의 1)는 교정 기능을 통해 100분의 1로 줄어들고, 이는 다시 부정확한 조합 탐지를 통해 1,000분의 1로 줄어들어, 우리는 10만 곱하기 100 곱하기 1,000분의 1, 그러니까 100억분의 1의 실수만 갖게 된다.

박테리아로서는 잘 된 일이군, 하지만 우리 인간의 돌연변이율은 어떻게 되지? 여러분은 이렇게 물을지도 모르겠다. 우리는 이제 어떤 사람의 DNA 염기서열 전체(유전체)를 큰돈 들이지 않고 빠르게 알아내는 기술을 확보했으므로 인간의 돌연변이율이 어떻게 되는지 아주 정확하게 측정할 수 있다. 부모와 자식의 DNA 염기서열을 확보하여 어떤 염기가 다른지 찾아내면, 한 세대에서 정확히 몇 개의 돌연변이가 일어나는지 셈할 수 있다. 모든 아이가 가진 60억 개의 DNA 염기쌍에서 40~70개의 새로운 돌연변이가 일어난다.[11] 대략 1억분의 1의 돌연변이율인데, 박테리아보다는 훨씬 높지만 그래도 이만하면 꽤 낮은 수치다.

이런 돌연변이에 대해서는 6장에서 더 많이 알아볼 참이다. 행여 여러분이나 여러분의 자녀들(혹은 미래의 자녀들)이 염려될까 싶어서 말하자면, 이런 새로운 변이의 대부분은 좋지도 나쁘지도 않으며 아무런 영향이 없을 것이다. 왜 그런가 하면 우리의 유전체에는 유전자들 사이에 빈 공간이 많으며 대부분의 돌연변이는 이런 곳에서 일어나기 때문이다. 설령 어떤 변이가 유전자에 일어나서 이를 교란시키더라도 대부분의 유전자는 사본이 존재하며, 좋은 쪽이 여러분을 이끌게 된다.

모든 아이가 갖고 있는 40~70개의 새로운 돌연변이는 난자와 정자를 통해 부모 모두에게서 물려받은 것이다(난자와 정자가 어떻게 합쳐지는지는 각자 알아보라!). 놀랍게도 생물학자들은 염기서열 분석 기술을 단 하나의 정자세포에서 일어난 돌연변이를 확인할 수 있는 수준까지 끌어올렸다. 스탠포드 대학의 생물학자 스티븐 퀘이크는 각각의 정자세포 안에서 25~36개의 돌연변이가 일어난다는 것을 발견했다.[12] 이 수치는 아이에게서 발견되는 돌연변이 수의 대략 절반과 일치한다.

개체의 DNA 내에서 돌연변이를 찾아내는 막강한 기술을 갖게 된 우리는 이제 무작위성에 대한 근본적인 질문을 던질 수 있다. 돌연변이가 유전체에서 발생하는 양상이 무작위적 분포를 보이는가? 다양한 종들을 대상으로 그와 같은 연구를 한 결과,

일단은 그렇다는 대답을 얻었다.[13]

모노가 들으면 좋아할 일이다. 이제 우리는 실수들이 얼마나 자주 일어나는지, 그리고 그것이 무작위적 분포를 보인다는 것을 안다. 하지만 아직 하나의 질문이 남았다. 실수들은 대체 왜 일어나는가?

그 질문에 대한 대답은 아주 최근에 우연을 현장에서 붙잡음으로써 겨우 얻을 수 있었다.

양자 심실세동

왓슨과 크릭이 DNA 구조를 연구하던 1953년으로 다시 돌아가면, 두 사람은 처음에 당시 네 가지 염기의 화학에 대한 이해가 부족했던 탓에 실수를 했다. 왓슨은 교과서에서 화학 구조를 옮겨 적었는데 일부 정보에 오류가 있었다(우리 모두를 위해 좋은 교훈이었다!). 다행히도 같은 연구 팀원이던 다른 과학자가 사실을 바로잡아줘서 역사가 만들어졌다.

이런 화학적 세부 지식은 DNA의 수수께끼를 푸는 데만 중요한 것이 아니라 무작위적 돌연변이의 문제에도 결정적인 열쇠임이 드러났다. 그러니 화학 강의가 잠깐 나오더라도 참고 들어주기 바란다. 물론 강의를 알아듣지 못해도 요점을 파악하는 데는 지장이 없지만, 알아두면 친구에게 잘난 척할 수 있다.

DNA를 구성하는 네 가지 염기를 포함하여 많은 분자들은 서

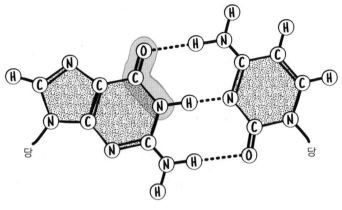

케토 형태의 구아닌(G_keto)   **사이토신(C)**

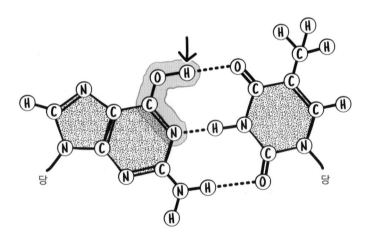

에놀 형태의 구아닌(G_enol)   **타이민(T)**

그림 4.5. 돌연변이의 근원이 되는 순간적인 형태의 변화
케토 형태의 구아닌(G)은 전형적인 G–C 염기쌍을 이루고(위), 보다 일시적인 에놀 형태의 구아닌은 G–T 염기쌍을 만들어(아래) 돌연변이를 일으킨다. 구아닌의 더 큰 고리에서 수소 원자의 위치(화살표)가 순간적으로 바뀔 때 이런 차이가 발생한다.

로 바뀔 수 있는 두 가지 형태로 존재한다(이를 '토토머tautomer'라고 한다). 염기의 고리 구조에서 수소 원자(양성자)의 위치가 달라짐에 따라 이런 형태의 차이가 나타난다. 염기의 형태가 바뀌면 수소 결합이 가능한 염기도 바뀐다. 구아닌과 타이민은 '케토keto'리고 하는 형태로도 존재하고, '에놀enol'이라는 형태로도 존재한다(그림 4.5). 처음에 왓슨은 자신이 에놀 형태를 옮겨 적었다고 생각했다. 그러자 그의 동료가 케토 형태가 훨씬 더 흔하게 존재하는 것이라고 알려주었고, 그 덕분에 왓슨의 유레카로 이어지게 되었다.

하지만 왓슨이 처음에 행한 실수에는 중요한 통찰이 있었다. 그와 크릭은 에놀 형태가 **잘못된 염기와** 수소 결합을 이룰 수 있다는 것을 깨달았다. 그러니까 G와 T, A와 C가 염기쌍을 이루는 것이다. 최초의 보고서에서 그들은 이런 의견을 내비쳤다. "자발적인 돌연변이가 일어나는 것은 어쩌면 염기가 가끔 수소 원자의 위치가 바뀌면서 훨씬 드문 토토머 형태로 나타나기 때문일 수도 있다."[14] 그들은 DNA 복제가 일어날 때 예컨대 G 염기가 드문 형태로 있었다면, C가 들어가야 하는 자리에 T가 들어가는 식으로 잘못된 상보적 염기가 이중나선에 삽입될 수 있다고 상상했다.[15]

60년의 세월이 흐르고 나서 생화학자들이 포착한 것이 정확히 그것이었다. 원자 수준에서 분자들을 관찰할 수 있는 대단히 정교한 기술 덕분에 그와 같은 성취가 가능했다. 알고 보니 그것은 감지하기가 극도로 어려운 사건이었다. 분자가 드문 형태로 바뀌는 찰나의 순간 — 1,000분의 1초 이하 — 이 지나고 나면 다시 흔한 형태로 돌아가기 때문이다. 하지만 생화학자들은 용케도 그 순간을 포착할 수 있었다.[16] 그들은 DNA 중합효소가 잘못된 염기쌍을 만드는 현장을 재빠르게 사진으로 담아낸 것이다. DNA 염기 내에서 순식간에 일어나는 이런 형태의 변화는 잘못된 염기 삽입의 99퍼센트 이상을 차지한다.

이런 발견은 돌연변이의 근원이 되는 사건, 생물권에 존재하는 온갖 다양성의 원천이 피해갈 수 없는 근본적인 물리학의 문제임을 보여준다. 그것은 화학적 결합 상태를 오가는 양자 천이quantum transition, 원자 수준에서 벌어지는 우연의 심실세동이다.

그러므로 돌연변이는 DNA의 오류가 아니라 엄연한 특징이다.

모든 유기체, 모든 세포에서 DNA가 복제될 때마다 변화가 일어난다. DNA에 특성들을 부여하는 염기 본연의 성질 때문에 그런 것이다. 그러니 돌연변이, 변화는 피할 수 없는 필연적인 현상이다.

이제 우연이 어떤 아름다움과 어떤 복잡함을, 그리고 조금 뒤에 가서는, 어떤 곤란을 야기할 수 있는지 알아보자.

5장 아름다운 실수들

모든 발명가를 통틀어 최고의 이름을 대라면, 그것은 우연이다.[1]

— 마크 트웨인

진화의 실상에 대한 세상의 반응은 극과 극을 오갔다. 그중 하나
는 이런 생각 자체를 아예 몰아내려는 욕망이다. 미국 테네시 주
하원 법안 185조에서 그 같은 예를 볼 수 있다.

주 정부로부터 재정의 일부나 전체를 지원 받는 대학과 사범학교,
공립학교의 그 어떤 교사든 신이 인간을 창조했다는 성경에 기술
된 가르침을 부정하고 인간이 하등한 동물에서 유래했다고 가르
치는 것은 불법이다.

1925년 3월에 통과된 이 법령은 고등학교 교사 존 스콥스가 진화론을 가르쳤다가 기소되어 유명한 재판이 벌어진 원인이었다. 주 법원에서 합헌이라고 인정되었다가 1967년에야 폐지되었다.[2]

이것이 얼토당토않은 일처럼 여겨진다면 정반대의 반응도 있었다. 스콥스 재판이 열린 바로 그해(1925년)에 소비에트 공산당 최고 관료들은 동물학자 일리야 이바노프의 서아프리카 여행 경비를 지원하기로 합의했다. 이바노프는 가축 인공 수정의 선구자로 명성을 얻었다. 그가 선별한 수컷에서 정액을 채취하여 기계적으로 암컷에 주입하는 방식을 수많은 말과 양들에 성공적으로 활용하면서 인공 수정은 널리 채택되었다.[3] 이바노프는 짝짓기 과정을 건너뛰어 인공 수정으로 혼종 동물도 창조할 수 있다고 믿었으며, 조스zorse(얼룩말-말), 주브론zubron(들소-소) 같은 새로운 몇몇 변종들을 만들어냈다.

이바노프의 새로운 프로젝트도 혼종을 창조하는 것이었지만 이번에는 목표가 남달랐다. 그는 인간과 침팬지를 교배한 '휴먼지humanzee'를 만들고자 했다. 그는 두 종이 독자 생존이 가능한 혼종을 만들 만큼 충분히 근연 관계에 있다고 믿었으며, 만약에 성공한다면 인간이 유인원에서 진화했음을 보여주는 강력한 증거가 되리라고 생각했다.

소비에트가 프로젝트를 공식적으로 지원한 데는 이데올로기적인 이유가 컸다. 계몽위원회라는 소박한 이름의 국가 기관은

이 연구가 "유물론과 관련해서만 중요한 문제"[4]라고 했지만, 교회의 가르침과 영향력을 약화시키는 계기가 되리라 희망한 이들도 있었다. 혼종을 만들어내는 데 성공한다면 소비에트 과학을 홍보하는 효과도 대단할 터였다.

이바노프에게는 소비에트의 지원만 있었던 게 아니었다. 파리의 파스퇴르 연구소는 당시 세계 최고의 생의학 연구 기관이었는데, 연구소 지도부가 프로젝트를 격려하면서 이바노프에게 프랑스령 기니에 있는 연구소 시설의 침팬지들을 활용하도록 허락했다. 이런 노력과 잠재적 의의는 널리 보도되었다. 『뉴욕 타임스』는 실험이 "인간과 고등 유인원 간의 근연 관계를 확립함으로써 진화의 원칙을 뒷받침하려는"[5] 목표를 갖는다고 했다. 언론 보도로 대중의 관심이 크게 늘어났지만 비방하는 사람들도 있었다. 파리에 머물던 이바노프는 백인 우월주의자 쿠클럭스클랜(KKK)으로부터 협박 편지를 받았는데, 그는 이를 자신의 작업이 "과학적 의미뿐만 아니라…… 사회적 의미도 크다"[6]는 긍정적인 증거로 받아들였다.

실험의 진행은 KKK보다 더 난감했다. 1926년에 이바노프가 처음으로 프랑스령 기니를 방문한 것은 소득 없이 끝났다. 연구소 시설에 있는 모든 침팬지들이 너무 어려서 미성숙했던 것이다. 1927년에 그는 기니를 다시 찾았고, 성인 침팬지 몇 마리를 포획하는 것을 도왔다. 우여곡절 끝에 인간 기증자의 정액으로 암컷 침팬지 세 마리를 수정시킬 수 있었다. 하지만 임신에는 실패했다.

이바노프는 열두 마리가 넘는 침팬지를 데리고 소련으로 돌아가 연구를 계속했다. 이번에는 반대로 유인원의 정액을 인간 여성에게 수정시킬 계획이었다. 2년간 공식적인 검토를 거친 끝에 이바노프는 "무려 다섯 명의" 자원자들을 모집하도록 허락을 받아냈다. 돈 때문에 실험에 지원하는 것이 아니라 연구 목표에 공감하여 의사가 돌보는 가운데 최소한 1년 동안은 소비에트 영장류 연구소에서 고립된 채로 지내겠다고 동의하는 사람이어야 했다.

마침내 그는 자원자들을 구했지만 그 무렵이면 그가 들여온 유인원들은 수송이나 감금 과정에서 모두 죽고 말았다. 실험은 불가피하게 연기되었다. 그러는 동안 소비에트 고위 관료들이 숙청되면서 다른 일들이 이바노프의 발목을 잡았다. 다른 많은 사람들과 마찬가지로 그는 날조된 혐의로 비밀경찰에 체포되어 카자흐스탄으로 유배되었고, 그곳에서 1932년에 죽었다. 이바노프의 사건은 그 이후로 소비에트의 기억 속에 묻혔다.[7]

나머지 침팬지들에게는 다행스럽게도 진화의 증거로 침팬지와 인간의 교배가 반드시 필요한 것은 아니었다. 우리는 인간이나 다른 종들이 자연적인 수단을 통해 진화했는지 여부를 묻는 단계는 오래전에 넘어섰다. 오늘날 타당하고 예민한 질문은 종이 **어떻게** 진화하는가 하는 것이다. 새로운 능력과 생활 양식은 어떻게 발생하는가? 그리고 새로운 종은 어떻게 형성되는가?

이런 질문들은 생물권에서 벌어지는 창조적이고 혁신적인 것의 기원과 관련하여 핵심 사항이다. 생물학의 가장 위대한 지성들이 자연선택과 돌연변이가 새로운 형질의 등장에 상대적으로 얼마나 기여했는지를 두고 고심했으며, 지금까지도 활발한 논쟁이 이어지고 있다는 것을 안다면 여러분은 놀랄지도 모르겠다.[8] 다윈은 자연선택이 창조의 주된 힘이라고 여겼다. "오랜 세월에 걸쳐 자연선택의 힘에 영향을 받았을 모든 유기체들 간의 상호 적응과 환경에 대한 적응이 보여주는 변화의 양, 아름다움과 무한한 복잡함에는 한계가 없다."[9] 그러나 백 년 동안 다윈의 사고가 어떻게 이어졌는지 완전하게 이해했던 모노는 무작위적 돌연변이, 그러니까 "오로지 우연만이 생물권에서 벌어지는 모든 혁신, 모든 창조의 원천"[10]이라고 주장했다.

여기서 과감하게 질문해보자. 두 명의 진짜 천재 가운데 어느 쪽 말이 옳은가? 혹은 더 옳은가?

질문에 답하는 것은 중요하다. 창조에서 무작위적 돌연변이의 역할이 클수록 생명은 모노가 말하듯 그만큼 더 우연에 휘둘리는 것이 되기 때문이다.

다행히도, 우리는 최근에 어떤 종이든 그 DNA를 들여다보고 새로운 능력이나 적응의 정확한 원인을 가려내는 능력을 확보했고, 그 덕에 통찰을 얻는 중요한 새 출처를 갖게 되었다. 우선은 다윈이 좋아했던 생물을 살펴봄으로써 DNA에 익숙해지는 것이 좋겠다.

비둘기 깃털

잉글리시 트럼페터, 인디언 팬테일, 올드 저먼 아울, 올드 더치 카푸친, 자코빈은 일반인의 눈에도 서로 확연히 달라 보이는 비둘기 품종들이다(그림 5.1). 그러나 조류 애호가들은 그들이 공통적으로 갖는 하나의 형질을 알아본다. 머리 위에 볏 모양으로 나 있는 깃털이 그것이다. 조상 종인 야생 바위비둘기는 말할 것도 없고 잉글리시 파우터, 잉글리시 텀블러, 레이싱 호머 등 대부분의 개량 품종에는 그와 같은 볏이 없다.

그렇다면 몇몇 비둘기는 어떻게 해서 화려한 볏을 갖게 되었을까?

다윈이 새들을 기르기 시작하고 150년이 지나는 동안 그런 질문에 정확한 대답을 하는 것은 전혀 간단한 일이 아니었다. 육종 실험을 통해 볏의 존재 유무는 하나의 유전자가 결정한다는 것이 밝혀졌다. 하지만 새의 DNA에 있는 수천 개의 유전자 가운데 특정한 하나를 확인하고 그 유전자가 볏 있는 비둘기와 볏 없는 비둘기에서 어떻게 다른지 알아내기란 모래사장에서 바늘 찾기였다. 아주 최근에 우리가 훨씬 저렴한 비용으로 훨씬 빠르게 모든 생물의 DNA 염기서열 전체를 파악하는 기술을 확보함으로써 비로소 그와 같은 정보에 접근할 수 있는 길이 열렸다.

비둘기든 어떤 종이든 그 DNA라는 모래사장에서 중요한 바늘을 찾으려면 DNA의 언어를 파악하고 있어야 한다. 그러니까 DNA 정보가 어떻게 해독되어 살아 있는 생명체의 작동 부위들

그림 5.1. 볏 있는 비둘기
왼쪽부터 자코빈, 올드 더치 카푸친, 잉글리시 트럼페터. 모두 목과 머리 주변으로 볏 모양의 깃털이 나 있다.

을 만들도록 하는지 알아야 한다. 여러분은 DNA의 언어를 배울 수 있다. 그것은 몇 안 되는 알파벳, 대단히 한정적인 어휘, 간단한 문법으로 이루어져 있다. 이런 언어를 배우고 나면 생물권에서 벌어지는 혁신과 다양성의 원천을 이해하게 될 뿐만 아니라, 내가 다음 두 장에서 살펴볼 인간의 개성과 질병의 원인이 어디에 있는지도 알게 된다. 여러분은 나중에 참고하려고 이 짧은 대목에 표시를 해두고 싶을지도 모른다.

염색체, 유전자, DNA로 시작하자. 모든 생명체의 유전 정보는 세포 안에 있는 하나 이상의 **염색체**에 들어 있다. 모든 염색체에는 DNA라고 하는 긴 분자가 있는데, 여러분의 DNA에는 2억 개가 넘는 염기들이 길게 이어진 것도 있다. 각각의 **유전자**는 DNA 분자를 따라 나름의 간격을 두고 하나씩 위치한다(그림 5.2). 각 염색체에는 수천 개의 유전자가 포함되기도 한다.

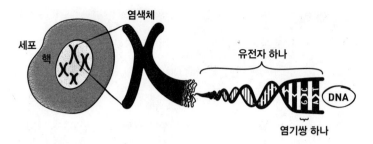

그림 5.2. 염색체, DNA, 유전자의 관계
염색체는 세포의 핵에서 발견되고, 각각의 염색체에는 DNA라고 하는 긴 분자가 들어 있으며, 하나의 긴 DNA 분자마다 많은 DNA 염기쌍들에 걸쳐 있는 많은 유전자가 들어 있다.

4장에서 DNA가 네 가지 **염기**로 구성되며 각각 A, C, G, T라는 알파벳으로 표기된다고 말한 것을 떠올려보자. DNA와 관련하여 가장 놀라운 사실은 모든 생명의 다양성이 고작 이런 네 가지 구성요소들의 순열로 생성된다는 것이다. DNA를 이루는 두 가닥은 맞은편 가닥에 놓이는 염기쌍들 간의 강력한 결합(A는 항상 T와, C는 항상 G와 짝을 이룬다)을 통해 하나로 묶인다. 각각의 유전자에 암호화된 고유한 정보를 결정하는 것은 DNA 분절에서 천 개 이상의 염기들이 배열된 고유한 순서다(ACGTTCGATAA 등등).

각각의 종의 전체 DNA는 네 가지에 불과한 이런 염기를 이용하여 수천 가지 다른 **단백질**들을 암호화한다. 단백질은 우리의 세포와 몸 안에서 모든 일들을, 그러니까 산소를 운반하고, 음식을 분해하고, 다음 세대를 위해 DNA를 복제하는 등의 일을 하는 분자다. 단백질 자체를 구성하는 것은 **아미노산**이며 스무 종류가 있다(알아보기 쉽도록 아미노산 역시 단백질 서열을 알파벳으로 표기한다). 이런 아미노산은 평균적으로 400개가 길게 이어져서 사슬을 이루는데, 그 화학적 특성이 각각의 단백질 특유의 활동을 결정한다.

DNA 암호와 각각의 단백질 고유의 서열이 어떻게 연결되는지는 생물학자들이 50년 전에 유전 암호를 해독함으로써 잘 알려지게 되었다. DNA 암호가 풀려 단백질을 만드는 과정은 두 단계로 일어난다. 먼저 DNA의 정보가 한 가닥의 메신저 RNA로 옮겨지는 **전사**transcription가 일어난다. 이 RNA는 DNA 한 가닥의 상보적 가닥이다. 그런 다음 메신저 RNA의 염기서열을 단백질 서열로 고쳐 쓰는 **번역**translation이 일어난다. RNA 전사에서 유전 암호를 읽을 때는 한 번에 염기 셋을 묶어서 읽는다. 즉 하나의 아미노산은 세 묶음의 염기로 정해진다(그림 5.3).

DNA에서 A, C, G, T를 가지고 셋씩 묶으면 64개의 다른 조합이 나오지만, 아미노산은 20개에 불과하다. 특정 아미노산을 나타내는 세 글자 암호가 여럿이기 때문이다(그리고 단백질 생산에서 종결을 나타내는 암호가 세 개 있다). 우리에게는 아주 편리하게도, 그리고 모든 생명이 공통의 기원을 갖는다는 것을 보여주듯, 이런 암호는 (몇몇 사소한 예외가 있지만) 모든 종에 똑같이 적용된다. 특정한 DNA 서열을 보면 그것이 어떤 단백질 서열을 암호화하는지 알아내는 것은 식은 죽 먹기다. 마찬가지로, DNA에서 어떤 돌연변이 — 치환, 삽입, 결실 — 가 일어나는지 보면 단백질 서열

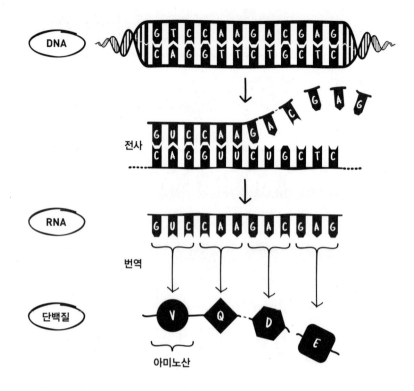

그림 5.3. DNA 정보가 해독되는 과정

DNA 암호가 단백질로 해독되는 과정은 두 단계로 일어난다. 먼저 DNA는 한 가닥의 메신저 RNA(DNA 한 가닥의 상보적 가닥)로 전사되고, 이어 메신저 RNA는 아미노산 서열로 번역되어 단백질을 만든다.

이 어떻게 바뀌는지 정확하게 예측할 수 있다(그림 5.4).

바늘 찾기가 만만치 않은 것은 모래사장이 워낙 크기 때문이다. 비둘기의 유전체에는 26억 개의 염기쌍(인간은 60억 개의 염기쌍)과 17,300개가 넘는 유전자가 들어 있다.[11] 그럼에도 유타 대학의 생물학자 마이크 샤피로와 전 세계 협업자들은 비둘기가

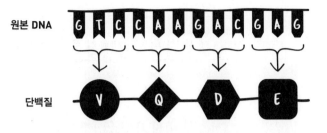

원본 DNA

단백질

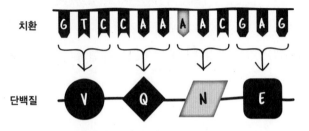

치환

단백질

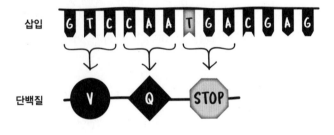

삽입

단백질

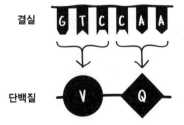

결실

단백질

그림 5.4. DNA 서열을 바꾸는 여러 종류의 돌연변이들
치환, 삽입, 결실은 DNA에서 흔하게 일어나며, 그로 인해 단백질 서열이 바뀐다.

어떻게 볏을 갖게 되었는지 정확히 알아낼 수 있었다.[12]

그러기 위해 그들은 볏 있는 품종 22개와 볏 없는 품종 57개를 마련하여 DNA를 하나하나 검토하고 비교했다. 그들은 볏의 존재 유무가 특정한 하나의 유전자로 인해, 그것도 그 유전자 염기서열의 특정 위치에서 단 하나의 차이로 인해 결정된다는 것을 알아냈다. 볏 없는 비둘기에서 C와 G가 염기쌍을 이루는 지점에서 볏 있는 비둘기는 T와 A가 염기쌍을 이루었다. 이것은 볏 있는 형태를 가진 조상에서 C가 T로 바뀌면서 돌연변이가 일어났다는 뜻이다. '에프린 B2 수용체'라고 하는 단백질을 암호화하는 유전자인데, DNA 염기서열에서 하나의 차이가 결국 단백질 서열에서 하나의 차이를 만들어 아르기닌이라는 아미노산 대신 시스테인이 만들어진다(그림 5.5).

샤피로와 협업자들은 단 하나의 변화가 어떻게 새의 외양에 그토록 큰 차이를 만드는지도 알아냈다. 돌연변이는 머리와 목에 있는 깃털의 극성(極性)을 뒤바꿔서 목 아래로 자라는 대신에 머리 위로 자라도록 한다. 그래서 머리 주변에 볏 모양으로 깃털이 자라게 된다.

이제 비둘기의 볏의 기원이 자연선택과 돌연변이가 새로운 형질에 얼마나 기여했는가 하는 문제와 어떻게 연관되는지 알아볼 차례다. 볏의 기원은 그야말로 명확하다. 어느 시점에 조상 비둘기에게서 돌연변이가 일어남으로써 볏이 만들어진 것이다. 다양한 품종에서 볏이 확인된다는 사실은 육종가들이 이런 품종을

	볏 있는 비둘기	H	R	D	L	A	A	C	N	I	L	V	N	S
	바위비둘기	H	R	D	L	A	A	R	N	I	L	V	N	S
	닭	H	R	D	L	A	A	R	N	I	L	V	N	S
	칠면조	H	R	D	L	A	A	R	N	I	L	V	N	S
	인간	H	R	D	L	A	A	R	N	I	L	V	N	S

그림 5.5. 비둘기 머리에 볏을 만드는 단일한 돌연변이

아미노산을 알파벳으로 표기하여 여러 종의 에프린 B2 단백질 서열의 한 지점을 나타낸 것이다. 볏 있는 비둘기에서 돌연변이가 일어나 한 지점에서 아르기닌(R)이 시스테인(C)으로 바뀌는 단 하나의 변화가 일어났다.

개발하고 번식할 때 볏 형질을 의도적으로 **선택**했다는 뜻으로 해석된다.

그러면 누가 만든 자인가? 돌연변이인가, 선택인가?

다윈은 자연선택이 '극히 작은' 변이들에 점차적으로 힘을 실어준 것이라고 믿었다. 그와 이후 세대 생물학자들은 어떤 개체군에도 형질을 어떤 방향으로 바꾸기에 충분한 변이가 항상 존재한다고 생각했다. 이런 견해에 따르면 자연선택이 진화적 변화를 일으킨 힘이고 창조적이며, 돌연변이는 그저 자연선택이 힘을 발휘하는 '재료'를 제공할 뿐이다.

그러나 볏은 조상 종인 바위비둘기에 존재하지 않았다. 오히려 비둘기 머리의 깃털이 자라는 패턴이 뒤바뀌어 볏이 만들어진 것은 하나의 유전자에서 일어난 특정한 한 돌연변이가 야기한 것이며, 작은 여러 단계를 거친 것이 아니라 하나의 단계로 일어났다. 에프린 B2 돌연변이의 효과와 관련하여 '극히 작은' 것이나 '재료' 따위는 없었다.

특정한 돌연변이가 생명체에 일어나는 확연한 변화의 원인임이 밝혀지면서 과학 저널에 이런 사실이 계속 소개되었고, 이제 우리는 창조에서 돌연변이가 행하는 역할에 대해 다시 생각하게 된다. 앞장에서 돌연변이의 무작위성을 평가하는 기준을 마련했듯이 돌연변이의 창조성에 대해서도 기준을 마련할 필요가 있다. 창조의 사전적 정의는 이전에 존재하지 않았던 뭔가를 만드는 것이다. 나는 돌연변이가 아래의 기준 가운데 하나라도 충족시키면 창조적이라고 보는 것이 옳다고 생각한다.

(1) 돌연변이는 새로운 신체적 형질을 만든다.
(2) 돌연변이는 분자의 새로운 기능이나 능력을 만든다.
(3) 돌연변이는 유전자의 새로운 생리적 기능을 만든다.

깃털 볏 돌연변이는 첫 번째 기준을 충족시킨다. 흥미롭게도 샤피로와 그의 팀은 2000만 년 전에 비둘기에서 갈라져 나온 종인 염주비둘기에서 머리의 볏 생성에 관여하는 유전자와 돌연변이를 찾아보았다.[13] 아니나 다를까, 그들은 해당 돌연변이가 비둘기 볏의 돌연변이와 똑같은 에프린 B2 수용체 유전자에 있는 것을 알아냈지만, 유전자 내의 염기는 달랐다. 이런 발견으로 보건대 이런 새들에서 볏의 출현은 대단히 제한적인 방식으로만 일어날 수 있는 것으로 추정된다.

그러나 깃털 벗의 두 사례만으로 일반화시킬 수는 없다. 다른 형질의 출현을 더 살펴보고 돌연변이가 무엇을 할 수 있고 무엇을 할 수 없는지 알아보자. 지금까지 나는 우리가 사는 혼란스러운 물리적 행성의 솟아오른 산맥, 얼어붙은 바다, 빙하시대의 심실세동 이야기를 했다. 이제 극단적인 환경에 사는(혹은 살았던) 매혹적인 몇몇 생명체들의 DNA를 들여다보고 그들이 어떻게 그럴 수 있는지 알아보자.

DNA에게는 작은 발걸음, 매머드에게는 거대한 도약

2001년 어느 날 저녁, 생물학자 케빈 캠벨은 시베리아 영구동토층에서 매머드를 발굴하는 텔레비전 다큐멘터리를 보고 있었다. 단순한 질문이 그의 머리에 떠올랐다. 이런 빙하시대 동물들은 혹독한 추위에 어떻게 대처했을까?

상태가 좋은 매머드 화석 기록으로 매머드 조상이 700만 년 전 아프리카 적도 지방에서 나왔고, 100~200만 년 전 빙하시대 초기에 고위도 지방에 서식했다는 것이 밝혀졌다.[14] 잘 보존된 미라 표본은 추위에 적응한 여러 해부적 증거를 보여준다. 아시아와 아프리카의 사촌들이 열을 방출해야 했던 것과 달리 매머드는 혹한의 북쪽에서 열을 보존하는 데 도움이 되는 여러 특징들 — 두꺼운 털, 털에 윤기를 주는 피부샘, 훨씬 작은 귀, 짧은 꼬리 ― 을 갖고 있었다.

그러나 캠벨은 자신이 볼 수 없는 것에 각별한 호기심을 느꼈다. 바로 매머드가 혹한의 툰드라에 적응하도록 만든 생리적 기제였다. 그는 순록과 사향소 같은 북극 동물들이 신체 말단을 겨우 얼지 않을 정도로만 춥게 유지함으로써 열 손실을 줄인다는 것을 알고 있었다. 그들이 동상에 걸리지 않는 것은 혈관이 독특한 구조로 정렬되어 있어서 다리로 내려가는 동맥이 다리에서 올라오는 정맥에 열을 전달할 수 있기 때문이다. 하지만 신체 말단의 온도가 낮으면 헤모글로빈이 생명에 꼭 필요한 물질을 전달하는 것을 어렵게 만든다. 헤모글로빈은 폐에서 혈관을 통해 신체조직으로 산소를 운반하는 단백질이다.

캠벨은 매머드의 헤모글로빈에 특별한 무엇이 있는지 궁금했다. 이를 알아내는 데 딱 하나 사소한 걸림돌이 있었다. 매머드는 1만 년 전에 멸종했으므로 연구에 필요한 매머드 혈액이 존재하지 않았다.

그러나 이 무렵은 고생물 DNA 연구 기술이 개발된 초기로 연구자들은 미라와 화석에서 소량의 DNA 조각을 채취하여 분석하기 시작했다. 캠벨은 오스트레일리아 생물학자 앨런 쿠퍼, 당시 독일 라이프치히의 막스 플랑크 연구소에서 고생물 DNA 전문가로 일했던 미하엘 호프라이터와 팀을 이뤄 북부 시베리아 영구동토층에서 발견된 43,000년 된 매머드의 대퇴골에서 무엇을 얻을 수 있는지 알아보았다.

연구자들은 헤모글로빈 단백질을 이루는 두 사슬을 암호화하는 매머드의 두 유전자를 중합효소 사슬 반응(PCR)이라고 하는 기술을 사용하여 복제할 수 있었다. 그들은 매머드가 아시아와 아프리카 친척들과 갈라진 이후로 생겨난 하나의 사슬에서 세 가지 차이를 발견했다. 헤모글로빈은 생물학에서 가장 활발하게 연구된 단백질이다. 캠벨과 동료들은 포유류들 간에 거의 다르지 않는 사슬의 위치와 관련해서 적어도 두 가지 차이점을 파악했다.

이것은 그저 상관관계일 뿐이었다. 매머드 헤모글로빈이 다르게 기능했는지 검사하려면 연구자들은 사체에서 단백질을 가져와야 했다. 그래서 그들은 박테리아 세포로 매머드 헤모글로빈을 만들어 아시아 코끼리의 헤모글로빈과 특성을 비교했다. 그들은 매머드 헤모글로빈이 코끼리 헤모글로빈보다 낮은 온도에서 산소 방출을 실제로 훨씬 더 잘한다는 것을 알아냈다.

헤모글로빈이 제 역할을 수행하는 것을 어렵게 만드는 환경은 극한의 추위 말고도 있다. 고도가 높아지면 흡입 공기에서 산소가 차지하는 비중은 똑같지만, 폐에서 공기 교환을 일으키는 산소분압이 해수면보다 훨씬 낮다. 예를 들어 5,500미터(17,000피트) 고도에서 산소분압은 해수면보다 50퍼센트나 떨어져서 동물과 인간에게 저산소증 위험을 일으킨다.

하지만 많은 종의 새들이 아주 높은 고도를 날 수 있다(에너지가 대단히 많이 소요되는 일이다). 가장 유명한 새는 인도에서 히말라야 산맥을 넘어 몽골로 이동하는 인도기러기로 고도 21,000피트 이상을 나는 것으로 알려져 있다.[15] 안데스기러기도 고도 18,000피트의 고산 지대에 산다.[16] 이런 새들과 높은 고도에 적응한 다른 새들의 헤모글로빈 유전자와 단백질을 조사한 결과, 낮은 고도에 사는 새들보다 헤모글로빈에서 산소 친화도를 높여서 충분한 산소가 동맥혈에 실려 신체조직에 전달되도록 돕는 특정 돌연변이가 많이 발견되었다.[17]

이런 새들과 매머드에서 대단히 도전적인 환경으로 서식지를 넓히도록 돕는 새로운 특성들이 헤모글로빈에 더해지려면 하나나 몇 가지 돌연변이가 일어나는 것으로 충분했다.[18] 그러니 이런 돌연변이는 창조적이라고 할 만하다. 하지만 기존의 유전자를 이렇게 단순하게 대체하는 것은 돌연변이의 하나의 유형일 뿐이다. DNA와 생명체에 훨씬 더 극적인 영향을 미치는 다른 유형의 돌연변이가 존재한다.

정도의 문제

매머드와 인도기러기의 헤모글로빈이 환경에 적응한 것은 나무랄 데 없이 훌륭하지만, 종종 극단적인 환경은 훨씬 더 극단적인 조치를 요구하기도 한다.

남극을 예로 들어보자. 내가 2장에서 설명했듯이 지구의 온도는 지난 5000만 년에 걸쳐 상당히 많이 떨어졌다. 남극은 한때 얼음이 없었고 푸릇푸릇한 식물들이 살았으며, 열대까지는 아니어도 최소한 온대의 바닷물이 대륙을 둘러싸고 있었다. 하지만 오늘날 여러분이 행여 유람선을 타고 남극을 여행하다가 물속으로 한번 뛰어들어볼까 생각한다면, 말리고 싶다. 남극 대륙 주변의 바다 수온은 영하 1.9도이므로 여러분은 곧바로 인간 얼음조각이 되고 만다.

그러나 이런 차가운 물속에서도 생명이, 그것도 많은 생명이 산다. 최초의 탐험가들은 지구에서 가장 차가운 물속에 물고기들이 바글거리는 것을 보고 큰 충격을 받았다. 그리고 이 사실은 과학적 수수께끼를 제기한다. 열대나 온대 바다에 사는 물고기는 영하 0.8도면 얼기 때문에 남극의 물고기가 이보다 더 차가운 물에 적응하도록 무언가가 작용한 것이 분명하다.

그 무언가는 결빙 방지 물질이다.

남극 물고기들의 혈청을 연구한 결과, 영하 2.1도가 될 때까지는 얼지 않으며 그 이유는 부동액 역할을 하는 단백질이 빼곡하게 들어차 있기 때문임이 밝혀졌다.

이런 물속에 사는 물고기에게 최대 위협은 추위가 아니라 얼음이다. 남극의 바다에는 자그마한 얼음 결정들이 들어 있는데, 이것이 아가미를 통과하거나 삼켜져서 물고기 몸 안으로 들어오면 서로 엉겨 붙어 더 큰 얼음 결정이 만들어진다. 그러면 물고기 몸을 푹! 찌르게 된다.

결빙 방지 단백질이 하는 일은 얼음 분자와 결합하여 더 크고 치명적인 결정으로 자라지 못하게 막는 것이다. 온대 지방 물고기의 혈청에는 결빙 방지 단백질이 없으므로 이는 최근에 생겨난 발명품이다. 실제로 극지 물고기들은 집단에 따라 다른 결빙 방지 단백질을 갖고 있어서 물고기가 이런 단백질을 한 차례 이상 만들어낸 것이 분명하다. 그러므로 결빙 방지 단백질은 새로운 것이 어떻게 생겨나는지 살펴보는 멋진 기회가 된다.

등가시치는 결빙 방지 단백질을 갖고 있는 물고기이다. 잘생긴 물고기는 아니며 오히려 역겹다는 사람도 있지만, 수심이 500~700미터인 맥머도 만의 차가운 바다에서 번성하는 그들의 능력에는 감탄하지 않을 수 없다. 크리스티나 쳉과 아트 데브리스, 중국 과학원의 연구자들은 아주 간단한 질문을 던졌다. 등가시치의 결빙 방지 기능은 어떻게 생겨났을까? 전적으로 새로운 발명품이거나 기존의 유전자가 새로운 기능을 하게 된 것이거나 둘 중 하나다. 실상은 양쪽 모두에 조금씩 걸쳐 있다. 이것은 돌연변이가 몇 가지 거대한 단계들을 거치면서 새로운 유전자와 기능을 만들어낼 수 있음을 보여주는 예가 된다.

결빙 방지 단백질이 다른 어류, 심지어 생쥐와 인간에게서도 발견되는 다른 단백질의 한 부분과 놀랄 만큼 닮았다는 사실이 밝혀지면서 연구에 속도가 붙었다.[19] 다른 종에서도 발견된다는 것은 이 다른 단백질이 오래전부터 존재했었다는 뜻이다. 이 단백질은 시알산이라고 하는 특정 당류(세포 표면에 있는 분자들과 자주 달라붙는다)를 만드는 데 관여하는 효소다. 시알산 합성효소(줄여서 SAS)라고 불리는 이 효소는 360개의 아미노산으로 이루어져 있어서 결빙 방지 단백질(65개의 아미노산)보다 훨씬 크지만, 결빙 방지 단백질의 서열은 SAS의 맨 마지막에 위치하는 65개의 아미노산 서열과 아주 유사하다(그림 5.6, 위).

전문가들이 등가시치와 몇몇 어류들의 DNA를 꼼꼼하게 살펴보면서 그 이유를 알아냈다. 결빙 방지 유전자는 바로 SAS 유전자의 한 덩어리에서 진화한 것이었다(그림 5.6, 위).[20] 그 덩어리는 자체적으로 얼음 결정과 결합하는 능력을 가진 단백질 조각을 암호화했다. 그리고 그런 능력은 바다의 온도가 떨어지면서 유용하게 되었다. 결빙 방지 단백질은 처음 생겨난 이후로 얼음과 결합하는 힘을 증진시키는 변화를 여러 차례 겪었다.

아울러 결빙 방지 유전자는 수가 크게 늘어 물고기의 결빙 방지 능력을 대폭 늘리도록 했다. 등가시치는 서른 개가 넘는 유전자 사본을 갖고 있으며 이 모두가 염색체에서 일렬로 나란히 정렬되어 있다(그림 5.6, 아래). 유전자가 이런 식으로 정렬되었다는 것은 등가시치의 결빙 방지 유전자들이 또 하나의 잘 알려진 돌연변이 기제, 그러니까 수천 개의 염기쌍들로 이루어진 전체 유전자나 다수의 유전자들을 포함하는 훨씬 더 큰 DNA 블록이 한꺼번에 복제되는 기제를 통해 오랜 세월에 걸쳐 만들어졌음을 말해준다.

중요한 사항이 하나 더 있다. 당류를 합성하는 유전자에서 결빙 방지 유전자가 만들어지는 과정에서 결정적인 한 단계는 조

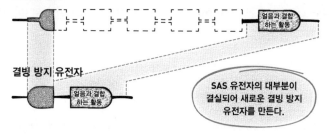

SAS 유전자

얼음과 결합
하는 활동

결빙 방지 유전자

얼음과 결합
하는 활동

SAS 유전자의 대부분이
결실되어 새로운 결빙 방지
유전자를 만든다.

일반적인 어류

W유전자   X유전자   Y유전자   Z유전자

남극 등가시치

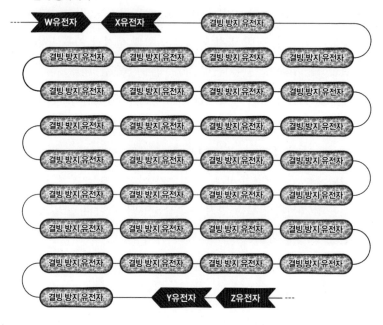

그림 5.6. 결빙 방지 유전자의 발명

위, 남극 어류의 SAS 유전자 내에서 결실(점선으로 표기한 상자)이 일어나 얼음과 결합
하는 활동을 하는 단백질을 암호화하는 부분이 남겨져서 원래 유전자 앞에 붙으면서 결
빙 방지 유전자가 만들어졌다.

아래, 이런 결빙 방지 유전자는 이후에 여러 차례 복제되어 남극 등가시치는 다른 유전
자들(W, X, Y, Z) 사이에 서른 개의 유전자 사본이 끼워진 식이 되었고, 일반적인 어류들
은 이런 결빙 방지 유전자가 없다.

상 유전자에서 한 부분이 결실된 것이었다. 여기서 **결실**은 창조적 돌연변이였다.

정리하자면, 결빙 방지 유전자는 몇 가지 거대한 단계를 거쳐 만들어졌다. 첫째, SAS 유전자가 복제되었다. 둘째, 새로 만들어진 SAS 유전자의 대부분이 결실되어 덩어리가 남겨졌다. 그런 다음 그 덩어리가 복제되고 그것이 다시 복제되고 복제되는 과정이 수백만 년간 어류가 진화하는 동안에 일어났다(그림 5.6을 보라). 이런 돌연변이는 새로운 생리적 기능(결빙을 막는)을 가진 새로운 종류의 분자(얼음과 결합하는 단백질)를 만들었다. 앞서 언급한 기준 (2)와 (3)을 충족시키는 것이다. 이렇듯 유전자가 확장되고 새로운 집합을 이루어 새로운 일을 하는 현상은 모든 생명 형태에 두루 존재한다. 먹잇감 사냥에 활용되는 뱀의 독, 새끼에게 먹이는 포유류의 젖도 마찬가지다. 다른 기능을 하던 유전자에서 비롯되었다는 점에서 진화의 사연이 동일하다.

돌연변이의 창조성에 대해서는 책 한 권을 쓸 수 있을 만큼 사례가 많다. 여러 종류의 돌연변이들이 창조적일 수 있는 방식들을 설명하는 데는 이 정도로 충분하리라 본다.

방금 내가 '창조적일 수 있는'이라고 말한 것은 대부분의 돌연변이가 창조적이지 않기 때문이다. 사실 대부분의 돌연변이는 여러 이유에서 아무런 영향이 없다. 첫째, 동물과 식물의 유전체에는 실질적 기능이 전혀 없는 DNA 서열이 많다(우리 인간의 DNA에서 대략 95퍼센트가 그렇다). 이런 부위에서 돌연변이가 일어나면 대체로 아무 일도 일어나지 않는다. 둘째, 같은 아미노산을 생산하도록 하는 유전 암호가 여러 개 존재한다. 이런 중복성re-dundancy 때문에 DNA 염기를 바꾸는 유전자에서 돌연변이가 일어난다고 해서 반드시 단백질 서열이 바뀌는 것은 아니다. 암호화 부분에서 일어나는 돌연변이의 대략 4분의 3은 원래의 세 글자 암호와 변이된 세 글자 암호가 동일한 아미노산을 암호화하는 동의어이므로 세 글자 암호의 '의미'는 달라지지 않는다.[21] 셋째, 설령 단백질 서열을 바꾸는 돌연변이더라도 기능에 미치는 영향이 없을 수도 있고, 혹은 악영향을 줄 수도 있다.

그러니 창조적 돌연변이는 소수파이며 희귀하다. 앞장에서 내가 설명했듯이 DNA의 특정 자리에서 돌연변이가 일어나는 것은 1억 회당 하나일 만큼 드물다(종에 따라 차이가 있다). 유전자 복제와 결실도 마찬가지로 희귀하다. 그럼에도 아마추어 골프선수가 계속해서 골프채를 휘두르다 보면 언젠가는 공이 홀컵에 들어가듯이 비둘기나 물고기도 세대를 거듭하다 보면 특정한 돌연변이가 개체군에서 일어난다.

그러나 문제가 있다.

매머드의 헤모글로빈은 한 번의 행운의 샷이 아니라 여러 차례 돌연변이가 관여한 결과다. 돌연변이는 독립적인 사건이므로 두 돌연변이가 같은 유전자에서 동시에 일어날 확률은 거의 바닥에 가깝다. 김정일이 여러 차례 홀인원을 기록한 문제와 비슷하다. 두 돌연변이가 일어날 확률은 각각의 돌연변이가 일어날 확률을 곱하면 된다. 1억 곱하기 1억은 1경, 그러니까 1경분의 1이다. 매머드에서 그런 일이 벌어지려면 지구에 존재하는 모든 동물의 생물량이 10억 배는 더 많아야 한다.

불가능하다고?

그렇지 않다. 자연선택이 관여하기 때문이다.

계단 오르기

연구자들은 매머드의 헤모글로빈에 일어난 세 차례 변화 가운데 적어도 둘은 산소 전달에 독립적으로 영향을 미쳤다는 것을 알아냈다. 각각의 변화는 매머드가 추위에서 활동력을 높이고 서식지를 넓히는 데 점차적으로 이득을 주었으리라 추측할 수 있다. 하지만 두 돌연변이가 동시에 일어날 확률이 그토록 희박하다면, 대체 어떻게 두(혹은 세) 돌연변이가 **모든** 매머드에서 나타날 수 있었을까?

그것은 그 과정이 계단식으로 진행되기 때문이다.

하나의 돌연변이가 상당한 활동의 이득을 제공한다면, 그 유전자를 물려받은 후손의 번식과 생존이 늘어나 시간이 흐르면서 개체군에서 차지하는 비중이 커진다. 이것은 자연선택의 경쟁 과정이다. 예를 들어 돌연변이가 3퍼센트의 이득을 준다고 하면, 그러니까 그 유전자가 없는 후손이 100일 때 그 유전자를 보유한 후손은 103이 나온다면, 그 돌연변이는 1,000세대도 못 가서

대규모 개체군의 모든 개체에 존재할 수 있다.[22]

두 번째 이로운 돌연변이가 발생하면, 그것은 첫 번째 돌연변이를 이미 보유한 동물에서 일어나며, 마찬가지로 널리 확산될 수 있다. 이것은 자연선택의 **누적적** 과정이다. 계단을 오르는 것과 비슷한 식으로 이루어진다. 새로운 돌연변이는 계단에서 단을 오르는 것이며(단의 높이), 자연선택은 다음 단을 오르기 전에 발걸음을 앞으로 내디뎌(단의 너비) 개체군에서 돌연변이를 확산시킨다(그림 5.7). 이 과정은 번식이 느린 생명체에서는 오랜 시간이 걸리는 일이지만, 빠르게 증식하는 미생물과 바이러스, 그리고 우리 몸속의 세포에서는 실시간으로 일어나는 것을 볼 수 있다. 그림 5.7의 계단식 모형은 뒤에 가서 다시 등장하니까 눈여겨 봐두자.

계단 그림은 돌연변이와 자연선택이 무엇을 할 수 있고 무엇을 할 수 없는지 보여준다. 자연선택은 자체적으로 무언가를 창조할 수 없다. 존재하지 않았던 것을 만들려면(계단을 한 단 올라가려면) 실효성 있는 돌연변이가 일어나야 한다. 하지만 새로운 돌연변이는 하나의 개체에서 일어나는 것이므로 돌연변이 혼자서는 개체군을 바꾸거나 다수의 변화를 동시에 일으킬 수 없다.

그러므로 우연은 창조하고, 자연선택은 발명품을 퍼뜨린다.

그런데 특정한 돌연변이는 지구의 어떤 장소, 특정 시간에 특정한 개체군에게 이득일 수도 있고 아닐 수도 있다. 이것은 대단히 중요한 사항이다. 예를 들어 매머드 헤모글로빈이 낮은 온도

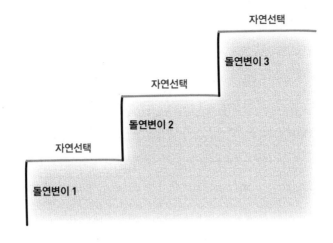

그림 5.7. 진화의 계단

다수의 변화가 하나의 유전자에서 누적적 과정으로 일어날 수 있다. 새로운 돌연변이는 유전자에서 계단의 단이 올라가는 변화를 일으키고(단의 높이), 자연선택은 개체군에서 돌연변이를 확산시킨다(단의 너비). 이런 식으로 다수의 변화가 하나의 유전자에 차곡차곡 쌓일 수 있다.

에서 산소를 전달하도록 했던 바로 그 돌연변이는 일부 인간에게서도 발견된다.[23] 그러나 인간에게 그 돌연변이는 경미한 빈혈을 일으키므로 개체군에 확산되지 않는다. 마찬가지로, 포유류의 털을 희게 만드는 돌연변이는 눈으로 덮인 지역에서는 이롭겠지만 다른 지역에서는 골칫거리가 된다.

그러니 한 생물에게 좋은 것이 다른 생물에게도 반드시 좋지는 않다. 각자 처한 상황에 달려 있다. 그렇다면 이런 상황은 무엇이 결정하는가? 1장과 2장에서 보았듯이 대체로 외적 물리적 조건이며, 이것은 다시 무수히 많은 불의, 즉 우연에 의해 형성된다.

결국 우연은 창조하고, 그렇게 창조된 발명품의 운명은 우연이 좌우하는 상황에 달려 있다.

우리는 신의 섭리로부터 아주 먼 길을 왔다. 하지만 아직 갈 길이 더 남았다. 세상에서 우연의 영향력은 형질의 발명을 넘어 다윈이 가장 중요하게 여겼던 현상인 종의 기원에도 닿아 있다. 새로운 종의 출현을 탐구하려면, 그리고 이 장을 마무리하려면, 인간과 침팬지의 교배를 시도한 이바노프로 돌아가야 한다.

우연의 나무

이바노프가 침팬지 정액을 인간에게 수정시키는 데 성공했다면 어떻게 되었을까? 독자 생존이 가능한 휴먼지가 나왔을까?

확실하게 뭐라고 말할 수는 없지만, 그런 가능성을 따져볼 때 고려해야 할 몇 가지 사실들이 있다.

종은 독자적으로 자손을 생산할 수 있는 개체군으로 정의된다. 종과 종의 교배를 막는 장벽에는 두 범주가 있다. 하나는 동물의 행동이나 해부적 구조 같은 짝짓기 이전의 요인이며, 또 하나는 번식이 가능한 혼종으로 발달하는 것을 가로막는, 주로 유전적 성격인 짝짓기 이후의 요인이다. 종과 종 사이의 유전적 '불화합성'이 시간이 흐르면서 점차 커져서 번식이 가능한 혼종 자손으로 발달하는 것이 불가능해질 수 있다는 것이 정설이다. 여기에는 지금까지 우리가 살펴보았던 돌연변이뿐만 아니라 염색체의 재배열 — 역위, 전좌, 파손, 융합 — 도 포함된다. 이런 재배열은 유전자 서열을 바꾸지는 않지만, 염색체 수와 염색체 내 유전자들의 순서와 위치를 바꿀 수 있다.

이바노프는 침팬지-인간의 짝짓기에 걸림돌이 되는 해부적, 행동적 장애를 인공 수정으로 건너뛰었다. 그래서 남은 것은 유전학의 질문이다. 모계에서 넘어온 인간 유전자는 부계에서 넘어온 침팬지 유전자와 무리 없이 섞여 자손을 만들 수 있을까?

우리는 DNA 염기서열 분석을 통해 대부분의 유전체에서 침팬지의 DNA 서열이 인간의 그것과 98.8퍼센트 일치한다는 것을 안다. 그 말은 대략 600만 년 전에 서로 계통이 갈라진 이후로 침팬지나 인간 종에서 1,000개의 염기쌍마다 평균 12개의 단일 염기 돌연변이가 일어났다는 뜻이다.[24] 30억 개의 염기쌍에서 총 3500만 개의 돌연변이가 일어난 셈이다. 그리고 침팬지의 유전자는 23쌍의 염색체를 가진 인간과 달리 24쌍의 염색체에 분포한다.

이런 수치는 둘 사이에 닮은 점도 많고 차이도 많아서 휴먼지의 독자 생존 능력이 어느 방향으로도 기울어질 수 있음을 나타낸다. 그렇다면 우리의 질문은 이것이다. 혼종 동물에서는 어느 정도의 유전적 차이가 용인될까? 바꿔 말하면, 유전적 차이가 어느 정도를 넘어서면 혼종 생성에 장벽이 될까?

필라델피아 템플 대학의 진화생물학자 S. 블레어 헤지스와 수

디르 쿠마르, 그리고 동료들은 생명의 나무를 세심하게 살펴보았다. 그들은 포유류와 조류 같은 동물들 사이에서 완전하게 종분화가 일어나는 데 소요되는 시간이 대략 200만 년으로 놀랄만큼 일정하다는 것을 발견했다.[25] 이런 시간은 '회항 불능 지점'으로 보인다. 그 시점을 넘어서면 어떤 계통이든 서로 간에 번식하는 것은 유전적 불화합성의 증강으로 인해 가로막힌다.

요컨대 생명의 나무에서 가지가 갈라지는 것은 개체군에서 무작위적 돌연변이가 꾸준하게 축적되어 나타나는 불가피한 산물(혹은 부산물)로 보인다. 다윈은 상상하지 못했던 심오한 통찰이다. 저자들의 말을 직접 인용해보자.

"생명의 나무에 보이는 계통의 분기는 아마도 대부분의 경우에는 무작위적인 환경적 사건들로 인해 개체군이 고립되었음을 반영한다. 이런 일은 짧은 기간에 많이 발생한다. 하지만 무작위적인 유전적 사건들로 인한 과정에는 상대적으로 긴 시간(종 분화에는 200만 년이 걸린다)이 소요된다. 결과적으로 이 과정은 마침내 종으로 분화하는 고립 개체군의 수를 제한할 것이다. 이 모델에 따르면 다양성은 이런 두 가지 무작위적 과정, 즉 비생물적 과정과 유전적 과정의 결과물이다."[26]

나는 이렇게 말하련다. 주위를 둘러보라. 온갖 생명의 아름다움과 복잡함과 변화무쌍함을 보라. 우리는 우연이 지배하는 실수들의 세계에 살고 있다.

휴먼지의 질문과 관련하여 말하자면, 인간과 침팬지는 200만 년보다 훨씬 전(약 600만 년 전)에 갈라섰으므로 나는 불가능하다는 쪽에 무게를 둔다. 번식이 가능한 휴먼지 자손은 나오기가 힘들 것이다.

이바노프가 혼종을 얻는 데는 실패했다 해도 그의 실험에서 일어났을 법한 다른 결과가 있다. 그는 생각하지 못했겠지만 이 문제를 제기하는 것은 2020년의 세계가 겪고 있는 것에 비추어 볼 때 의미가 크다. 이바노프는 치명적인 세계적 유행병을 일으켰을 수 있다.

앞장에서 나는 단백질 서열에서 일어난 철자 오류 하나로 KK-KYMMKHL이 KKKYRMKHL로 바뀌는 바람에 3500만 명이 넘는 사람들이 죽었다는 말을 했다.[27] 이제 그 이야기를 해보자. 앞의 서열은 유인원 면역 결핍 바이러스(SIV)가 만드는 단백질의 일부이며 이 바이러스는 침팬지, 고릴라, 기타 구세계 원숭이들을 감염시킨다. 뒤의 서열에서 일어난 변화(M이 R로 바뀌는)는 인간 면역 결핍 바이러스(HIV-1)의 세 가지 주요 변종(AIDS를 일으키는 변종도 포함하여) 모두에서 발견된다.[28] 돌연변이는 SIV를 침팬지에서 인간으로 세 번의 개별적 과정을 거쳐 유입되게 했고, HIV-1이 되도록 했다.

최초의 감염이 어떻게 일어났는지는 정확히 확인된 바 없다. 대부분의 추측은 인간이 야생동물을 사냥하거나 그 고기를 준비하고 먹는 과정에서 감염된 침팬지 혈액 또는 체액에 접촉한 것에 무게를 둔다. 하지만 최초의 감염이 일어났던 대략적인 시간과 장소는 확실하다. 20세기 초에 중앙아프리카 서부에서 일어났다. HIV-1의 사악한 쌍둥이면서 덜 알려진 HIV-2 역시 중앙아프리카 서부에서 유래했다.[29] SIV가 폭넓게 분포했다는 사실은 이바노프가 침팬지 정액을 어디에서 입수했든 간에 자신도 모르게 바이러스를 인간에게 유입시켜 잠재적으로 HIV/AIDS를 일으키는 위험한 일을 하고 있었다는 뜻이다.

SIV를 인간을 감염시킬 수 있는 바이러스로 만드는 돌연변이가 반복적이고 독자적으로 일어났다는 사실과 이런 바이러스가 사람들 사이에 확산되었다는 사실은 바이러스로 인한 유행병의 기원 역시 우연의 문제임을 보여준다. 하나의 동물 종에서 무작위로 일어나는 변이 바이러스 가운데 어떤 것은 인간을 감염시킬 수도 있다. 만약에 그 종이 우연하게도 인간과 아주 가깝게 지내는 종이라면, 바이러스는 사람에게 옮을 수 있고, 그러고 나서 사람들 사이로 확산될 수 있다.

새로운 바이러스가 동물에서 인간으로 넘어가는 이런 '종간 전파spillover'는 1918년 인플루엔자 유행병(조류에서 전염)이 일어난 발단이기도 했으며, 2002~2004년에 유행한 급성 호흡기 증후군(사스),[30] 2012년 이후로 여러 차례 발생한 중동 호흡기 증후군(메르스)[31]도 각각 사향고양이와 낙타에서 인간으로 전염된 사례였다. 사실, 인류 최악의 재앙 가운데 많은 것이 동물에서 기원한 것으로 밝혀졌다.[32] 천연두는 2,000년도 더 전에 설치류가 옮기던 바이러스에서 유래했고, 홍역[33]은 1,000년 전 가축 소의 우역 바이러스가 시발점이다.

2019년 말에 중국에서 처음 출현하여 전 세계를 휩쓴 신종 코로나바이러스(SARS-CoV-2: COVID-19)도 기원이 비슷하다.[34] 바이러스의 유전체를 맨 처음 연구한 것을 보면 박쥐 코로나바이러스의 유전체와 특징이 대단히 유사함이 밝혀졌고, 지금까지 천산갑 코로나바이러스에서만 발견된 특정한 돌연변이와도 상당히 비슷하다. 천산갑 고기는 중국 등지의 야생동물 시장에서 자주 거래되는 품목이다. 그러므로 신종 코로나바이러스는 천산갑에서 인간에게 넘어온 것으로 보인다.

여기서 우리가 얻어야 하는 교훈은 '침팬지와 교배하지 말라', '낙타와 키스하지 말라', '사향고양이나 천산갑을 먹지 말라'가 아니다. 종간 전파와 잠재적 유행병은 언제라도 일어날 수 있는 우발적 사고임을 유념해야 한다는 것이다.

3부

23의 비밀

우리는 다른 모든 종들과 마찬가지로 인간도 우연 덕에 여기 있는 것임을 이제 안다. 우리 인간은 바위비둘기, 매머드, 등가시치를 창조한 것과 똑같은 힘, 그러니까 우연이 주도하는 외적, 내적 과정들의 상호작용으로 세상에 나왔다.

그러나 '우리'라는 말은 집합적인 호명이다. 생물학자들이 '인간'이라고 말할 때 그들은 구체적으로 누구를 가리키는 것일까? 우리는 저마다 다양한 방식으로 다르지 않은가? 그렇다면 인간이라는 종 내에 존재하는 온갖 다양성은 어디서 올까? 각각의 사람들을 유일무이한 존재로 만드는 것은 무엇일까?

이어지는 마지막 두 장에서 나는 개인적인 우연에 대해 이야기하려 한다.

여러분은 아마도 여태까지 외면하려 했겠지만, 이제 여러분 부모의 생식샘에 대해, 그리고 여러분이 임신된 순간에 대해 생각할 시간이 되었다. 충격을 주는 김에 말하자면, 나는 여러분 조부모의 생식샘에 대해서도 언급할 참이다.

K-Pg 소행성과 빙하시대의 무질서한 혼란에서 인간이 등장한 것이 어째서 여러분이 누리는 행운의 이야기의 절반에 불과한지 여러분은 알게 될 것이다. 지금 이 글을 읽고 있는 바로 **당신**이 세상에 나오기 위해서는 엄청나게 많은 우발적인 사건들이 특정한 방식으로 일어나야 했다.

여러분이 세상에 태어난 것만 우연의 문제가 아니다. 여러분이 목숨을 부지하도록 도와주는 것도, 여러분의 목숨을 앗아갈 수도 있는 것도 다 우연이다. 그리고 계속 읽어간다면 그런 우연을 줄여주는 방법들이 있음을 여러분은 알게 될 것이다.

6장 모든 어머니의 우연

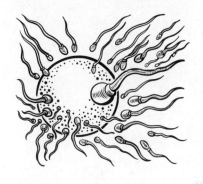

그러니 자신이 보잘것없고 불안하게 느껴질 때면
당신의 출생이 얼마나 말도 안 되는 기적이었는지 기억하세요.
그리고 머나먼 우주 어딘가에 지적인 생명체가 존재하기를 기도하세요.
여기 지구에는 온통 개자식들밖에 없으니까요!

— 몬티 파이튼, 『갤럭시 송』

바깥에서 보면 직사각형 모양의 단순한 흰색 단층 건물은 미국 남부 시골의 여느 작은 교회와 다를 바 없다. 안에서는 전형적인 토요일 밤 예배가 벌어지고 있다. 켄터키 주 미들스보로의 예수 순복음교회에 스무 명의 교구 주민들이 모여 가스펠 「오 해피 데이」를 기쁨에 차서 부르고 있다. 마흔두 살의 담임 목사 제이미 쿠츠가 설교대 근처의 작은 상자로 손을 뻗자 신도들의 축하 열기는 한껏 달아올랐다.[1]

그는 맨손으로 방울뱀 두 마리를 꺼내 조심스럽게 자신의 머

그림 6.1. 방울뱀을 다루는 제이미 쿠츠

리 위로 들어올렸고, 계속해서 노래를 부르며 차분하게 교회 안을 걸어 신도 한 명에게 꿈틀거리는 뱀을 넘겨주려고 했다(그림 6.1).

웨스트버지니아, 켄터키, 테네시, 기타 애팔래치아 지역의 100여 개 오순절교회에서 행해지는 이런 뱀 다루는 의식은 마르코의 복음서 16장 18절의 구절에 바탕을 두고 있다. "뱀을 쥐거나 독을 마셔도 아무런 해도 입지 않을 것이며 또 병자에게 손을 얹으면 병이 나을 것이다." 성경에서 특정한 독사를 명시하지 않았다고 주장하는 사람도 있겠지만, 3대째 교회를 이끌고 있는 쿠츠는 그렇게 해석하지 않는다. "내가 볼 때는 신이 내게 가르친 것이 바로 그것입니다."[2]

쿠츠와 그의 신도들에게 유독한 방울뱀을 다루는 것은 신념의 행위다. 결코 물리지 않으며, 설령 물리더라도 오로지 신만이 보호해준다고 믿으므로 그들은 대체로 의학적 처치를 거부한다.

쿠츠는 자신이 설교하는 것을 행동으로 옮겼다. 2013년 전국 텔레비전 방송에 출연할 때까지 그는 총 아홉 차례 뱀에 물렸다. 다행히도 몇 차례는 뱀이 독을 방출하지 않은 '마른dry' 교상이었다. 최악의 상황은 방울뱀이 그의 오른쪽 가운데손가락을 물었을 때였다. "내 평생 그렇게 고통스러웠던 적은 없었습니다."[3] 그가 기자에게 말했다. 치료를 받지 않고 내버려두는 바람에 손가락은 결국 괴사하여 떨어져나갔다.

왜 그런 위험이나 고통을 감내할까? "마음의 평화를 느껴요. …… 신이 영광스럽게도 내 몸 안에서 그의 기운을 느끼게 하는 겁니다."[4] 그러면서 조용히 한마디 덧붙였다. "만약 성경에 비행기에서 뛰어내리라는 말이 있었다면, 나는 그랬을 겁니다."

그로부터 불과 석 달 뒤인 2014년 2월 15일, 그는 방울뱀에 물려 사망하면서 그런 수고를 덜었다.[5]

미국에서 뱀에 물려 죽는 사람은 극히 드물다. 2014년에 쿠츠를 포함하여 세 명의 사망자가 나왔을 뿐이다. 그는 2012년에서 2015년까지 오순절교회에서 뱀을 다루다가 죽은 세 명 가운데 두 번째였다.[6] 이토록 사망자가 드문 주요 이유는 심각한 교상이라도 대개는 해독제를 쓰면 얼마든지 치료할 수 있기 때문이다. 쿠츠 등은 의학적 처치를 거부했다. 게다가 대부분의 교상은 예방이 가능하다. 병원 치료 기록을 살펴보면 뱀에 물리는 교상의 대부분은 뱀을 공격하거나 다루다가 당하는 것이다.[7] 내 친구이자 뱀 전문가인 대니 브라우어는 자주 이런 말을 한다. "뱀 애호가에는 두 부류가 있는데, 한 번도 물리지 않은 사람과 **여러 번** 물린 사람이지."

실제로 야생동물과 관련한 치명적인 사고는 미국에서 극히 드물게 일어난다. 2018년은 최근에 이런 사고가 유독 많았던 해였는데, 그래봤자 곰(5명), 퓨마(2명), 악어(2명), 상어(1명), 다 합해서 야생동물의 공격으로 열 명이 목숨을 잃었다. 2017년에는 그런 사망자가 두 명에 불과했다. 여기에 비하면 같은 해에 사다리나 공사장 비계에서 떨어져 죽은 사람(569명), 수영장에서 익사한 사람(723명), 우발적 총격으로 죽은 사람(486명), 약물에 의한 사망을 제외한 독살(3,484명)은 상당히 많았다.[8] 동물과 마주치는 일은 뉴스 머리기사로 나지만, 많은 우발적인 사건이 그렇듯이 우리는 이런 사건의 가능성이 정확히 어느 정도인지 모른다. 우리는 있을 법하지 않은 일에 두려움을 느끼고, 정작 더 큰 위협은 무시하거나 과소평가하는 경향이 있다.

우리가 확률을 제대로 이해하지 못하는 것은 본인의 생존과 관련해서도 마찬가지다. 우리가 동물의 공격을 받아 죽을 확률이 극히 낮다지만, 부모의 생식샘에서 벌어지는 우연의 게임 때문에 우리가 세상에 태어날 확률은 실로 천문학적인 수준이다. 어떤 사람들은 자신이 계획에 없던 '우연'이었다는 말을 들었을 테지만, 실상은 모든 사람의 존재가 우연이다. 그뿐만이 아니라 우리가 하루하루 살아가는 것도 우연에 의해 작동하는 우리 몸 속의 놀라운 체계 덕분이다.

70조분의 1

수많은 유성을 머릿속에 그려보자. 1억 개의 유성이 태양계 내의 거대한 행성 근처에 있다고 말이다. 대부분은 빈 공간으로 날아가는 궤도에 놓이지만, 일부 무리가 행성 쪽으로 방향을 튼다. 시간이 흐르면서 그중 몇 개가 거리를 좁혀 다가오다가 외기권에 의해 튕겨져 나간다. 그러나 그중 하나는 보호막을 뚫고 들어가 상당한 중량으로 들이받는다. 행성은 그 충돌로 흔들리며 다량의 화학물질을 방출한다.

그러나 이번에는 생명을 끝장내지 않는다. 생명의 시작이다.

당혹스럽다고? 유성에 머리와 긴 꼬리를 그려보라.

유성은 인간의 정자이며, 충돌은 정자 하나가 자기보다 서른 배나 큰 난자의 바깥쪽 막을 뚫고 들어가 수정이 이루어지는 순간이다. 흔들림과 방출은 다른 정자에 의해 수정되는 것을 막고 배아발생을 시작하기 위해 난자에서 일련의 극적인 물리적 화학적 변화가 일어나는 과정이다.

1억 개 이상의 경쟁자를 제치고 오로지 하나의 정자만이 자궁관 속으로 헤엄쳐 들어가 난자와 성공적으로 수정된다. 수정란은 두 유전체의 결합이다. 정자와 수정되기 전 난자에서 각각 염색체의 절반을 얻는다. 바로 여기에 놀라운 진실이 있다. 그 어떤 수정란도 결코 서로 똑같지 않다.

모든 사람이 특별한 존재라는 진부한 이야기는 진실이다. 일란성쌍둥이를 제외하면 모두가 유전적으로 유일무이하다. 눈송이가 다 다르게 생겼듯이 말이다.

여러분은 이렇게 생각할지도 모르겠다. "과연 그런가? 내 눈은 엄마를 닮았고, 코는 아빠를 닮았는데? 내 동생도 나와 마찬가지이고."

그렇다면 깜짝 퀴즈를 하나 내보자. 수정이 이루어질 때 부모 양쪽에서 각각 23개의 염색체를 내놓는다면, 유전적으로 유일무이한 자녀는 얼마나 많이 나올 수 있을까?

23? 46? 92?

무려 70……조 이상이다. 7 뒤에 동그라미가 자그마치 13개나 붙는다.

이제 계산을 해보자. 핵심을 요약하면 서로 다른 염색체 **조합**이 얼마나 많이 가능한가 하는 것이다.

인간은 23쌍의 염색체, 총 46개의 염색체를 갖고 있다. 22쌍(44개)은 남자든 여자든 전체 구조가 동일하며 상염색체라 불린다. 나머지 둘은 성염색체로 남자는 X 하나와 Y 하나, 여자는 X

둘을 갖는다. 정상적으로 성숙한 정자세포와 난자세포에는 각각의 염색체가 하나만 있어서 수정란은 23쌍의 염색체를 완전하게 갖추게 된다.

정리하면 모든 인간은 염색체의 절반은 난자를 통해 엄마에게서, 절반은 정자를 통해 아빠에게서 물려받는다. 그리고 엄마와 아빠는 염색체의 절반을 각각 자신의 엄마와 아빠(자식의 조부모)에게서 받는다. 각각의 염색체에 대해 정자세포나 난자세포에 들어갈 수 있는 선택지가 둘 있는 셈이다. 그리고 이런 염색체는 저마다 다른 조상에게서 받은 것이므로 결코 동일하지 않다. 염색체에는 대부분의 유전자의 DNA 서열이 들어 있다.

정자세포와 난자세포의 생성 과정을 보면 각각의 염색체가 한 쌍 포함된 세포(23쌍의 염색체)로 시작하여 각각의 염색체가 하나밖에 없는 세포(23개의 염색체)로 끝난다. 문제는 각각의 쌍의 어느 쪽을 정자세포나 난자세포에 넣을지 결정하는 과정이 무작위로 일어난다는 점이다. 그러니까 모든 정자세포에는 각각의 염색체 쌍을 이루는 둘 가운데 어느 쪽이 들어갈 수도 있다. 두 개의 염색체의 가능한 조합의 수는 4(2 곱하기 2), 세 개의 염색체의 가능한 조합의 수는 8(2 곱하기 2 곱하기 2)이다. 이런 식으로 하면 스물세 개의 염색체에서 가능한 조합의 수는 2의 23승이다. 그러니까 8,388,608개의 서로 다른 정자세포가 가능하다. 난자세포도 마찬가지다. 이런 정자세포와 난자세포가 만나서 만들어지는 조합의 수는 8,388,608 곱하기 8,388,608, 즉

70,368,744,177,664개(대략 70조 개)의 유일무이한 아기가 나올 수 있다.

큰 숫자다. 고환은 최대로 힘을 짜내서 매일 1억 개, 평생 동안 2조 개가 넘는 정자를 생산할 수 있다. 이와 달리 여자는 모든 난자를 가지고 태어난다. 태어날 때 100~200만 개인 난자는 사춘기 무렵이면 5만 개까지 줄어든다. 그리고 매달 하나씩만 배란하여 가족의 규모를 적정하게 유지한다.

우리가 저마다 유일무이한 존재라는 것이 산술적 계산으로 증명되었다. 그러나 이것은 실제로 가능한 유전적 조합의 수를 과소평가한 것이다. 유전자 조합에 관여하는 두 가지 요인이 더 있기 때문이다. 하나는 지금까지 내가 언급하지 않았던 것으로 '유전자 재조합'이라고 하는 과정이다. 난사와 정자를 만드는 과정에서 염색체가 짝을 이룰 때 두 염색체가 물리적으로 서로 결합하여 일부가 뒤바뀔 수 있다. 그러고 나면 각각의 염색체는 부모염색체들을 이어붙인 모자이크가 된다(그림 6.2). 재조합은 염색체의 사실상 어떤 부위에서도 일어날 수 있고 염색체 쌍마다 평균적으로 한 번 일어나므로 염색체가 서로 구별되는 난자와 정자의 수는 8,388,608개를 훨씬 넘는다. 게다가 난자와 정자가 만들어지는 과정에서 부모 어느 쪽에도 없는 새로운 돌연변이가 일어난다. 앞서 언급했듯이 정자나 난자마다 20~35개의 새로운 돌연변이가 있으며 이것은 유전체 곳곳에서 무작위로 일어나므로 유전적으로 구별되는 정자와 난자의 수는 가히 천문학적으로

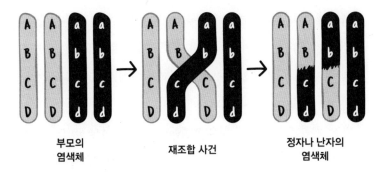

부모의
염색체

재조합 사건

정자나 난자의
염색체

그림 6.2. 정자와 난자의 유전적 다양성을 증가시키는 유전자 재조합
난자와 정자를 만드는 과정에서 염색체가 짝을 이룰 때 둘은 서로 결합하여 각각의 염색체가 부모 양쪽의 유전적 정보를 이어붙인 모자이크가 될 수 있다.

크다.

이런 네 가지 무작위적 기제(정자와 난자에 들어가는 염색체 결정, 유전자 일부의 맞바꿈, 새로운 돌연변이, 정자와 난자의 만남) 덕분에 우리는 저마다 유일무이하게 조합된 염색체, 유전자, 돌연변이의 집합을 갖고 있다. 우리는 저마다 유일무이한 우연이다. 유전적으로 유일무이한 정자와 유전적으로 유일무이한 난자의 충돌로 만들어진 존재이니 말이다.

운의 문제

이제 우리 모두가 특별하다고 느꼈을 테니 명백한 몇 가지 사실들을 짚고 넘어가자.

정자, 난자, 아기를 만드는 모든 과정에 우연이 상당한 정도로 관여하므로 때로는 이런 유일무이한 유전적 조합이 불운한 결과로 이어지기도 한다. 인간 아기의 대략 5퍼센트가 유전성 장애를 갖게 되며, 이 가운데 20퍼센트는 부모 양쪽에 없는 새로운 돌연변이 때문에 일어나는 것이다.[9]

가장 흔한 유전병으로 X 염색체에 일어나는 돌연변이가 원인인 것들이 있다. 이런 증후군은 거의 대다수가 남자에게 일어나는데, 왜냐하면 남자는 X 염색체가 하나밖에 없어서 그곳 유전자에 손상이 일어나면 증후군이 발현되기 때문이다. 여자는 X 염색체가 둘이므로 대체로 다른 X 염색체의 멀쩡한 유전자가 손상된 유전자를 충분히 보완한다. A형 혈우병, 뒤셴 근위축증, 적록색맹이 X 염색체와 관련되는 증후군인데, 압도적으로 남자에게 많으며 부모에게 없는 새로운 돌연변이 때문에 저절로 일어날 수 있다. 혹은 어머니가 결손 유전자가 있는 X 염색체를 아들에게 넘겨줄 때도 일어날 수 있다.

돌연변이는 무작위로 일어나지만, 정자나 난자에 발생할 수도 있는 돌연변이의 수나 종류에 영향을 미치는 몇몇 요인들이 존재한다. 일례로 남자는 나이가 들면 정자에 평균적으로 더 많은 돌연변이를 갖게 된다. 정자를 생산하는 세포가 DNA 복제를 그만큼 더 많이 거쳤으므로 더 많은 변이 유전자가 축적되어 있는 것이다. 최근에 아이슬란드인들을 대상으로 한 연구를 보면 아버지가 두 살 많아질수록 아이에게 세 개의 변이 유전자를 추가로 넘겨주는 것으로 나타났다.[10] 돌연변이가 많아지면 유전병의 위험이 그만큼 높아진다. 일례로 자폐 스펙트럼 장애를 가진 아이의 최소한 30퍼센트는 새로운 돌연변이 때문으로 보인다.[11] 5개국 570만 명 아이들을 대상으로 한 연구에 따르면, 쉰 살이 넘는 남자가 서른 살 이하의 남자보다 자폐 아이를 낳을 확률이 66퍼센트 더 높은 것으로 나타났다.[12]

유전병은 성숙한 난자를 만들 때 염색체를 처리하는 과정에서 발생할 수도 있다. 가끔 하나의 염색체 쌍이 정상적으로 분리된 다른 스물두 개의 단일 염색체와 함께 난자 속에 포함될 때가 있다. 이런 난자가 수정되면 배아는 해당 염색체를 셋 갖게 되는데 이를 '삼염색체trisomy'라고 한다. 이런 삼염색체가 가장 흔하게 일어나는 곳은 21번 염색체이며 다운 증후군의 원인이 된다. 21번 염색체에 특정 유전자가 과하게 있어서 발생하는 것이다.

다운 증후군과 다른 삼염색체 증후군도 나이와 상관관계가 있다. 난자는 여아의 태아가 발달할 때 만들어지지만 성숙하는 것은 한참 뒤의 일이다. 여자의 난자가 나이가 들면 삼염색체의 확률이 높아져서 마흔 살이 스물다섯 살보다 두 배 반 높다고 한다. 이런 삼염색체와 다른 염색체 기형으로 인한 유산 확률은 임신 3개월에 스물네 살 이하의 여성이 10퍼센트인 반면, 마흔두 살 이상의 여성은 50퍼센트가 넘는다.[13] 21번 염색체 말고 다른 삼염색체는 상대적으로 희귀하거나 전혀 나타나지 않는다. 짐작컨대 다른 삼염색체를 가진 대부분의 아이들은 살아남지 못한 것으로 보인다.

출생에는 이토록 많은 우연이 관여하고 있으므로 우리는 운이 좋은 셈이다.

그리고 남들보다 운이 더 좋은 사람이 있다.

세상에 단 한 명

스티븐 크론은 허드슨 강 너머로 맨해튼이 보이는 뉴저지 주 듀몬트에서 자랐다. 1947년생인 베이비부머로 1960년대에 성장기를 보내면서 크론은 동성애자라는 자신의 정체성에 대해 많은 고민을 했다. 대중의 편견을 날카롭게 인식했던 그는 대학을 중퇴하고 시민권 운동에 합세하여 마틴 루서 킹과 함께 앨라배마 주 셀마에서 몽고메리까지 행진했다. 사람들의 인정을 갈구했던 외향적 성격이던 그는 뉴욕의 헬스키친 지역으로 이주하여 아직 지하에 있던 그곳 게이 문화에 몸담았다. 결국에는 학교로 돌아가 예술가로서 활동하기 시작했고, 생계를 위해 출판 교열자로도 일했다.[14]

세월이 흘러 1979년에 그는 잘생기고 몸매가 좋은 총괄 주방장 제리 그린과 사랑에 빠졌다. 두 사람은 곧 대륙 반대편인 웨스트 할리우드로 이주했고 LA의 밤문화에 빠져들었다. 그러다가 1981년 1월에 그린이 심한 열병을 계속해서 앓기 시작했다. 그해 여름에 미국 질병통제센터는 뉴욕과 캘리포니아의 동성애 남성들에게서 폐렴과 희귀한 암이 심상치 않게 발병했다고 보고했다.[15] 겨울이 되자 그린은 한쪽 눈이 멀게 되었고 카포시 육종이라고 하는 악성종양이 몸을 뒤덮었다. 쇠약해진 그린은 크론이 보는 앞에서 1982년 3월에 죽었다. 얼마 뒤에 질병통제센터가 후천성 면역 결핍 증후군(AIDS)이라고 이름 붙인 질병으로 죽은 최초의 희생자들 가운데 한 명이었다.

질병의 원인은 1984년에 프랑스와 미국 연구자들에 의해 확인되었다. 동물에게 암을 유발하는 생소한 바이러스로 레트로바이러스라고 하는 유형이었다. 대부분의 바이러스 감염은 길게 지속되지 않는다. 우리의 면역계가 격렬하게 방어에 나서서 바이러스를 몸에서 몰아내기 때문이다. 그러나 에이즈 바이러스[나중에 인간 면역 결핍 바이러스(HIV)로 정정]에는 특별히 사악한 두 가지 속성이 있다. 첫째, 면역계의 세포들에 침투하여 여러 종류의 미생물에 대응하는 데 필요한 세포 유형을 고갈시켜 폐렴, 진균 감염, 그밖에 더 심각한 병을 일으킨다. 둘째, 돌연변이율이 아주 높아서 외양을 끊임없이 바꾸며 면역계의 공격을 피한다. 일단 병이 확인되면 의사도 약물도 대체로 속수무책이었다.

그린은 크론이 어울린 사람들 중 병에 굴복한 첫 번째일 뿐이었다. 1985년에 두 명이 더 죽었고, 1986년과 1989년에도 한 명이 희생되었다. 친구들보다 특별히 더 조심하지 않았던 크론은 자신이 다음 차례라며 두려움에 떨었다. 몸이 조금이라도 불편하면 증상들이 없는지 살폈다. 그러나 친구들이 계속 죽어가는데도 그에게는 이런 증상이 전혀 나타나지 않았다.[16] 그는 자신이 바이러스와 접촉했다고 절대적으로 확신했다. 어쩌면 바이러스에 내성이 있는 것인지도 모른다는 생각이 점차 들었다. 그는 의사들과 친구들에게 자신을 연구하라고 말하기 시작했다.

그냥 해본 소리가 아니었다. 의학 연구는 그의 집안 혈통이었다. 자기 이름을 딴 소화기 질환(크론병)이 있을 정도로 유명한 내과의사 버릴 크론이 그의 친할아버지의 형제였다. 가족 모임에서 스티븐은 자신의 사연을 털어놓았고, 연구자들은 그를 검사하는 것이 좋겠다고 동의했다.

마침내 누군가가 크론을 검사한 것은 1994년이었다. 애런 다이아몬드 에이즈 연구센터의 윌리엄 팩스턴은 바이러스와 접촉했지만 에이즈로 진행하지 않은 사람들을 찾고 있었고, 크론의 의사가 그들을 소개시켜주었다. 팩스턴은 크론의 피를 채혈하여 CD4 T세포라고 하는 그의 백혈구에 다량의 HIV를 주입했다.

팩스턴은 깜짝 놀랐다. "그의 CD4 세포가 말짱했다. 이제껏 우리가 한 번도 보지 못했던 일이었다."[17]

크론의 T세포에 어째서 바이러스가 침투할 수 없었는지 알아내는 데 2년이 걸렸다. HIV는 CXCR4와 CCR5라고 하는 두 개의 공동수용체 단백질을 통해 세포에 접근한다. 이런 단백질이 T세포 표면에서 입구 같은 역할을 한다. 크론의 T세포를 상세하게 검사해보니 CCR5 수용체를 만들지 않는 것으로 밝혀졌다. 입구의 일부가 없으니 바이러스가 그의 T세포에 들어갈 수 없었던 것이다. 크론의 DNA 염기서열 분석을 통해 그의 CCR5 복제 유전

자 둘 모두에서 32개 염기쌍이 결실된 것이 밝혀졌다(CCR5델타
32라고 한다).[18] 이것은 그가 어머니로부터 받은 염색체와 아버지
로부터 받은 염색체 모두에서 행운의 돌연변이가 일어났다는 뜻
이다.

이 발견으로 크론과 의학계는 크게 고무되었다. 크론은 자신의
사연을 언론과 기증자들에게 적극 알림으로써 에이즈 연구 기금
마련을 도왔다. 의학계는 크론의 세포에서 얻은 통찰을 바탕으로
HIV 신약 개발에 뛰어들었다. 십 년 뒤에 HIV가 CCR5 수용체
에 접근하지 못하게 하는 마라비록이라는 신약이 치료제로서 승
인을 받았다.[19] 같은 해에 티머시 레이 브라운이라는 HIV 환자는
크론과 같은 CCR5델타32 돌연변이를 가진 기증자로부터 골수
이식을 받아 에이즈를 치료한 첫 번째 사람이 되었다.[20]

연구자들은 전 세계를 광범위하게 조사하여 델타32 돌연변이
가 유럽인과 유라시아인에게는 제법 빈번하게(3~16퍼센트) 일어
나지만 아프리카인, 남아메리카인, 아시아인에게는 거의 나타나
지 않는다는 것을 알아냈다.[21] 돌연변이가 일어나는 집단에서도
크론처럼 HIV에 내성을 갖기 위해 필요한 복제 유전자 둘을 모
두 가진 사람은 상대적으로 드물어서 전체의 1퍼센트도 되지 않
는다.

아직 가시지 않은 궁금증은 델타32 돌연변이가 왜 존재하는가
하는 것이다. 그 돌연변이는 에이즈가 등장하기 한참 전부터 있
었기 때문이다. 중부 독일에서 발굴된 청동기시대(2,900년 전)로

추정되는 시신의 DNA에서 델타32 돌연변이가 발견되었고, 중세 시대에 폭넓게 퍼져 있었다.[22] 하지만 5장에서 보았듯이 HIV 바이러스는 20세기 초가 되어서야 침팬지에서 인간으로 유입되었다. 하나의 추정은 델타32 돌연변이가 수천 년 전 유럽이나 유라시아에서 사람들이 처음으로 마주쳤던, 아직 확인되지 않은 다른 병원균에 내성을 갖도록 했고, 그 결과 그 변이가 널리 확산되도록 자연선택이 일어났다는 것이다. 그렇다면 20세기 사람들에게서 HIV 내성이 일어난 것은 그저 요행이었다.

돌연변이가 처음에 어떻게 생겨났든 간에 크론은 부모 덕분에 전혀 기대하지 않았던 뜻밖의 행운을 거머쥐었다. 그러나 HIV를 운 좋게 피할 수 있었던 나머지 모든 사람들도 우연에 의지하는 신체의 일부 덕분에 살고 있기는 마찬가지다.

자기방어의 계단

에이즈로 수백만 명이 죽으면서 잠재적 병원균으로부터 우리를 보호하는 면역계의 필수적인 역할이 새삼스럽게 부각되었다. 에이즈 환자의 몸은 건강하고 감염되지 않은 환자에게서는 일반적으로 저지되는 바이러스, 진균, 기생충, 박테리아가 활개를 치는 이른바 기회 감염으로 유린된다. 돌연변이로 면역계 발달 장애를 가진 아이나 면역계를 억제하는 특정한 화학요법을 받는 환자에서도 이런 감염이 나타난다.

우리는 매일 잠재적 적들의 포위와 침투를 받으며 산다. 성인이 되면 우리 몸에는 우리 자신의 세포보다 박테리아의 세포가 더 많다. 1천 종의 이런 박테리아와 80속의 진균들이 인간의 '미생물군계microbiome'를 이룬다. 우리는 아울러 환경에서, 흙과 흙에서 기른 식량에서, 가축에서 온갖 미생물들을 접한다. 우리의 면역계는 참으로 놀랍게도 사실상 어떤 외래의 침입자 — 박테리아, 바이러스, 진균, 기생충 — 에도 반응하고, 어떤 외래의 단백질과 탄수화물도 그 외래 물질('항원')에 특정하게 작용하는 항체를 생산하여 식별해낸다. 물론 여기에는 SARS-CoV-2(COVID-19) 같은 새로운 병원균도 포함된다.

인간이 마주칠 수도 있는 항원의 범위는 엄청나게 넓으므로 면역계는 이 모두를 식별하기 위해 온갖 다양한 항체들, 어쩌면 수천만 종 이상의 항체들을 생산해야 할 수도 있다. 생물학의 가장 커다란 수수께끼 가운데 하나가 바로 여기에 있다. 면역계는 자신에게 다가오는 사실상 모든 것을 어떻게 식별하고 방어하는 것일까?

모노는 『우연과 필연』에서 이 질문을 직접 거론할 만큼 중요하게 여겼다. 면역계의 근본적인 기제는 수십 년 동안 연구자들의 시야에 잡히지 않았다. 모노는 결국 해결책을 보지 못했다. 그가 죽고 얼마 뒤에야 결정적인 돌파구가 마련되었다.

그가 이것을 알았다면 분명 좋아했을 것이다. 면역계를 돌아가게 하는 힘은 무작위적 우연과 앞서 보았던 계단식 모형이기 때문이다(그림 5.7을 보라). 계단에서 높이는 면역세포 내에서만 일어나는 특정 종류의 돌연변이이며, 너비는 이런 세포들에 가해지는 자연선택이다. 나는 우선 계단을 개괄적으로 설명하고 난 다음 각 단의 높이와 너비가 어떤 식으로 작용하는지 좀 더 설명하겠다. 커다란 깨달음은 이번에도 조합의 산술적 계산에서 나올 것이다.

면역 반응을 담당하는 주요 분과는 백혈구 세포에서 B세포라고 불리는 부류다(다른 주요 분과로 T세포가 있다). 이런 세포들은 침입자에 맞서 싸우는 군인이라고 생각하면 된다. B세포는 일련의 단계를 거쳐 항체 단백질을 분비하게 되는데 이것은 화학무기와 비슷하다. 이런 단백질이 특정 항원에 달라붙어 결합하면 외래 물질을 차단하거나 죽이거나 몸 밖으로 내보내게 되는 것이다.

B세포는 주로 비장과 림프절에 분포한다. B세포 면역 반응의 초기 단계는 B세포 표면에 있는 항체 수용체에서 항원을 식별하여 B세포가 활성화되는 것이다. 각각의 B세포의 극히 작은 일부만이 어떤 하나의 항원을 식별한다. 식별이 이루어지면 세포 수를 급속하게 늘리는 과정이 시작된다(세포 하나가 일주일에 4,000개까지 증식할 수 있다). 이 과정을 '클론 선택과 확장'이라고 하며 계단에서 첫 번째 너비를 이룬다(그림 6.3).

다음으로, B세포 클론이 증식하는 동안 수용체가 항원과 결합하는 힘을 증진시키는 돌연변이가 B세포에서 일어난다. 이것은

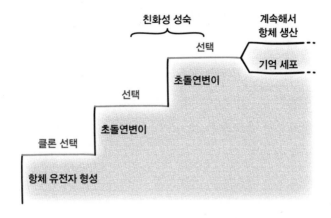

그림 6.3. 자기방어의 계단

무작위적인 유전적 사건과 선택이 이어지면서 특정 항원에 맞는 항체가 만들어진다. 첫 번째 단의 높이는 발달하는 B세포에서 유전자 분절들을 무작위로 결합하여 항체 유전자를 형성하는 것을 나타낸다. 첫 번째 단의 너비는 어떤 B세포가 항원과 결합하면 그 유전자의 클론이 활성화되고 증식하는 것을 나타낸다(클론 선택). 이런 클론 내에서 항체 유전자는 돌연변이를 몇 차례 더 겪는다(초돌연변이: 두 번째, 세 번째 단의 높이). 그리고 항원과의 친화성이 더 높은 클론이 선택되어 계속적으로 수가 늘어난다(친화성 성숙). 그러고 나서 계단은 둘로 나뉜다. 일부 B세포들은 계속해서 다량의 항체를 생산하고, 일부는 기억 세포가 되어 나중에 항원을 다시 만날 때 증식할 태세를 갖춘다.

계단에서 두 번째 단의 높이가 된다. 항원과 더욱 강력하게 결합하는 이런 클론들은 '친화성 성숙affinity maturation'이라는 과정을 통해 확장된다. 계단에서 두 번째 단의 너비다. 그러고 나서 계단은 둘로 나뉜다. 일부 B세포들은 계속해서 빠른 속도로 항체를 분비한다(초당 2,000개에 이르는 분자를 며칠 동안 생산한다). 기하급수적으로 늘어나는 B세포와 빠른 속도로 생산되는 항체 덕분에 우리 몸은 빠르게 세를 키우는 침입자에 맞서 격렬한 전투를 일주일가량 펼칠 수 있다. 다른 B세포들은 '기억' 세포가 되어 오래도록 남아서 항원을 다시 만날 때 한층 더 빠르고 격렬하게 대응하도록 태세를 갖춘다(그림 6.3). 우리가 일반적으로 똑같은 미생물에 두 번 감염되지 않는 이유가 이것이다.

그 어떤 적도 격퇴할 수 있으려면 신체는 항원에 따라 거기에 맞는 항체를 생산하는 B세포를 다량 갖추고 있어야 한다. 여기서 궁금증이 생긴다. 면역계는 저마다 다른 항체를 생산하는 무수히 많은 다른 B세포들을 어떻게 만들어낼까?

면역계의 무기고

여기서 항체가 항원과 어떻게 결합하는지 이해하는 것이 중요하다.

항체는 네 개의 단백질 사슬이 Y자 모양을 이루고 있는 분자다. 길이가 긴 '무거운' 사슬 두 개, 길이가 짧은 '가벼운' 사슬 두 개의 구조다(그림 6.4). 무거운 사슬과 가벼운 사슬은 서로 연결되어 있고, 무거운 사슬끼리 또 연결되어 있어서 Y자 모양이 되는 것이다. 무거운 사슬과 가벼운 사슬이 연결되는 지점에 움푹 들어간 곳이 항원과 결합하는 부위다. 항체 분자마다 그와 같은 항원 결합 부위가 둘 있다. 항체의 특수함은 항원 결합 부위의 아미노산 서열로 결정된다. 항체마다 항원 결합 부위에서 아미노산 서열이 다르므로 항체의 다양성의 질문은 이렇게 다시 쓸 수 있다. 면역계는 무수히 많은 다른 항원 결합 부위의 서열을 어떻게

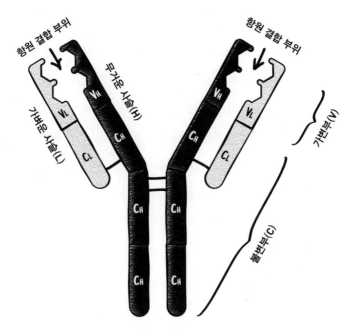

항원 결합 부위

무거운 사슬(H)

항원 결합 부위

가변부(V)

가벼운 사슬(L)

V$_L$

V$_H$

V$_H$

V$_L$

C$_H$

C$_L$

C$_L$

C$_H$

불변부(C)

C$_H$

C$_H$

C$_H$

C$_H$

그림 6.4. 항체 구조

항체는 단백질 사슬 넷으로 이루어져 있다. 무거운 사슬(H) 두 개와 가벼운 사슬(L) 두 개가 연결되어 Y자 모양의 분자를 이룬다. Y자의 양쪽 끝에 두 개의 사슬이 움푹 들어간 모양을 하고 있는데 여기가 항원 결합 부위다. 이 부위는 서열에서 변동성이 크므로 가변부(V)라고 하고 나머지 부위는 사실상 동일하므로 불변부(C)라고 한다. 가변부는 유전자 분절들이 결합하여 만들어진다.

만들어낼까?

항체는 단백질이므로 유전자들로 암호화된다. 오랫동안 연구자들을 괴롭혔던 결정적인 질문은 유전체에 무수히 많은 항체 유전자들(수백만 개의 무겁고 가벼운 사슬 유전자들)이 들어 있는가, 아니면 B세포로 발달할 때 어떤 사건들이 일어나서 소수의 무겁고 가벼운 사슬 유전자들로 다양한 항체를 만드는가 하는 것이었다.

유전자 클로닝과 DNA 서열 분석이 가능해지자 항체 유전자 구조에 대해 아는 것이 가능해졌다. 발달하는 B세포에서 DNA 조각의 재배열을 통해 항체가 만들어진다는 것을 토네가와 스스무가 1976년에 알아내면서 돌파구가 열렸다. 토네가와는 소수의 유전자 조각이 어떻게 여러 방법으로 결합하여 대단히 많은 다른 항체들을 만들 수 있는지 밝혀내서 나중에 노벨상을 받았다.

예를 들어 가벼운 사슬은 V, J, C라고 하는 세 가지 유전자 분절로 조합된다. 무거운 사슬 유전자는 가벼운 사슬 유전자와는 다른 염색체에 놓이며, V, J, C, 그리고 여기에 D까지 총 네 가지 유전지 분절로 조합된다. B세포에는 이런 분절로 조합된 가벼운 사슬 유전자 하나와 무거운 사슬 유전자 하나만이 들어간다. 그러니 각각의 B세포는 단일한 하나의 항체 형식을 만드는 유전적 클론이다.

신체가 만들 수 있는 잠재적 항체 유전자 종류가 몇 개인지 알아보는 것은 카드 게임에서 각각의 패가 나오는 경우의 수를 계산하거나 정자나 난자에서 염색체 조합의 수를 계산하는 것과 비슷하다. 일단 V, J, D 유전자 분절이 각각 몇 개 존재하는지 알고, 각각의 유전자 분절이 무작위로 조합되어 사슬을 이룬다는 것을 알면, 우리는 가능한 무거운 사슬과 가벼운 사슬의 수를 계산할 수 있다(C는 다른 항체 기능에 중요하며, 항원 결합에는 기여하지 않으므로 셈에 포함시키지 않는다).

인간에게는 무거운 사슬을 이루는 V 분절, D 분절, J 분절이 각각 51개, 27개, 6개 있다. 그러므로 각각의 분절이 무작위로 결합하여 무거운 사슬을 이룬다고 하면, 인간은 총 8,262개(51 곱하기 27 곱하기 6)의 서로 다른 무거운 사슬을 가질 수 있다. 84개 (51+27+6)에 불과한 유전자 분절로 상당히 많은 무거운 사슬이 나온다.

가벼운 사슬에는 두 가지 유형이 있는데, 하나에는 40개의 V 분절과 5개의 J 분절이, 다른 하나에는 30개의 V 분절과 4개의 J 분절이 있다. 이것도 마찬가지로 무작위로 결합한다면, 첫 번째 유형의 가벼운 사슬은 200개(40 곱하기 5), 두 번째 유형은 120개(30 곱하기 4)가 존재한다. 79개의 유전자 분절로 총 320개 (200+120)의 가벼운 사슬이 만들어지는 것이다.

가능한 항체의 수를 셈할 때 고려해야 하는 하나가 더 있다. 정자와 난자의 결합으로 아기가 만들어지듯이 항체와 항원 결합 부위를 만드는 것은 무거운 사슬과 가벼운 사슬의 결합이다. 하나의 B세포에 어떤 무거운 사슬과 어떤 가벼운 사슬이 들어가는가는 무작위로 정해지는 우연의 문제이므로 가능한 조합의 수는 둘의 곱이다. 320(가벼운 사슬)과 8,262(무거운 사슬)를 곱하면 260만 개가 넘는 서로 다른 항체가 존재한다는 계산이 된다. 그토록 막강한 화력이 고작 163개의 유전자 분절(84개의 무거운 유전자 분절과 79개의 가벼운 유전자 분절)로 만들어지는 것이다. 신체는 유전체에 들어 있는 유전자 분절의 수보다 1만 배 이상 많은 종류의 항체를 만들 수 있다는 뜻이다.

그러나 이런 막대한 수도 실제로 가능한 항체의 수에는 못 미치는 것으로 드러났다. 유전자 분절을 조합하는 기제에는 약간의 유연함이 있어서 분절과 분절 사이의 연결이 정확하지 않다. 연결 지점에서 추가적인 DNA 서열 변경이 일어나고 이것은 항체의 다양성을 엄청나게 늘린다. 인간의 몸은 **매일** 10억 개의 새로운 B세포를 생산하므로 사실상 어떤 항체도 충분히 확보할 수 있다.

항원과 관련하여 활성화된 B세포는 또 하나의 유연함을 발휘한다. 무겁거나 가벼운 사슬에서 가변부의 DNA 서열은 다른 DNA 시열보다 백만 배 더 많은 돌연변이를 겪게 된다. '체세포 초돌연변이'라 불리는 이것은 계단에서 두 번째 단의 높이가 된다(그림 6.3). 이 과정이 항체의 다양성을 최소한 열 배 더 늘린다.

그러므로 세 가지 무작위적 기제가 항체의 다양성에 기여한다. 유전자 분절이 뒤섞이고 결합하는 것, 가벼운 사슬과 무거운 사슬의 독자적인 조합, 체세포 초돌연변이. 합치면 우리 몸은 최소한 **100억 개**의 다른 항체를 만들 수 있는 것으로 추정된다.[23]

자기방어의 계단은 우리가 백신 접종을 하는 이유를 말해준다. 항체 생산에는 며칠이 걸리고 기억을 생성하는 데는 그보다 더 오래 걸린다. 미생물에서 살아 있지 않은 항원을 만들어 사람들에게 접촉시키고 기억 세포를 생성하도록 하면 병원균에 집촉하는 것보다 두 단계 앞서게 된다. 그래서 백신 접종을 받은 사람은 병에 걸리지 않거나 경미한 증상을 보이는 것이다. 계단은 또한 우리가 왜 가끔 의도적으로 동물에게 항원을 주입하여 항체를 만드는지도 말해준다. 뱀에 물린다던가 하는 위급한 상황에서 **곧바로** 사용할 수 있는 항체를 확보하기 위함이다.

제이미 쿠츠가 죽고 나서 스물한 살의 그의 아들 코디가 교회 목사직을 물려받아 뱀 다루는 의식을 이어갔다. 4년 뒤에 코디는 예배 중에 방울뱀을 다루다가 오른쪽 귀 위를 물려 관자동맥에 구멍이 났다. 피를 철철 흘리면서도 코디는 용감하게 뱀을 다루며 설교를 이어가려 했지만 결국 교회 밖으로 실려 나왔다. 그는 숨을 몰아쉬며 근처 언덕 정상으로 자신을 데려가달라고 했다. 신에게 자신의 목숨을 살릴지 거둘지 맡기겠다는 것이었다.

신도 한 명이 다르게 판단하여 그를 황급히 근처 병원으로 옮겼다. 응급실 직원은 코드블루(긴급 상황 호출)를 작동했다. 그들은 코디의 기도를 확보했으며, 목숨을 장담할 수 없자 헬기로 그를 테네시 의료센터로 후송했다. 그곳에서 코디는 생명유지 장치를 부착하고는 독을 중화시키고자 동물 항체로 만든 해독제를 투여받았다.[24, 25] 중환자실에서 열흘 간 사경을 헤맨 끝에 코디는 겨우 회복했다.

병원에서 나오고 일주일 만에 그는 다시 뱀을 다루기 시작했다.

과연 그는 자신의 운을 한껏 밀어붙인 것이다. 하지만 다음 장에서 보게 되듯 사실 우리 모두가 다 그렇다.

7장 불행한 사건들의 연속

모두가 죽지만 그 사실을 되새기고 싶어 하는 사람은 거의 없지.
— 레모니 스니켓, 『공포의 학교』

1972년 어느 봄날, 미국 버지니아 중부의 블루리지 산맥에 비가 부슬부슬 내리고 있었다. 베테랑 산림관리원 로이 설리번은 셰넌도어 국립공원의 로프트 마운틴 캠핑장 관리소에 근무하는 중이었는데, 갑자기 귀를 찢는 소리와 함께 벼락이 쳤다.

"내 평생 그렇게 요란한 소리는 처음이었습니다." 설리번은 나중에 지역의 한 신문기자에게 말했다. "관리소 안에 불길이 번지고 있었고, 귀가 먹먹한 가운데 지글거리는 소리가 들렸습니다. 내 머리에 불이 붙은 겁니다. 불길은 6인치 높이로 치솟았어요."[1] 설리번은 재킷을 벗어 불을 끄고는 서둘러 화장실로 달려가 불에 덴 머리를 식혔다.

설리번은 운 좋게도 그보다 더 심각한 부상은 입지 않았다. 번개에 맞은 사람 가운데 10퍼센트는 죽는다.[2] 1억 볼트 이상의 전기가 몸에 내리꽂힐 수 있기 때문이다. 그러나 설리번을 훨씬 더 운 좋은 사람으로 만든 것은 이번이 그의 첫 번째, 두 번째, 심지어 세 번째 번개도 아니었기 때문이다. 그가 공원에서 근무하면서 네 번째로 맞은 번개였고, 지난 4년간 총 세 번의 벼락이 그에게 떨어졌으며, 모두 공원 안에서 일어났다.

첫 번째 사건은 30년 전에 일어났다. 설리번은 천둥을 동반한 비바람이 심하게 몰아칠 때 화재 감시탑에서 도망치고 있었다. 벼락이 그의 오른쪽 다리에 살짝 화상을 입혔고 엄지발가락의 발톱이 떨어져 나갔다. 두 번째 사건은 그로부터 27년 뒤에 그가 셰넌도어에서 경치가 좋기로 유명한 스카이라인 드라이브에서 트럭을 몰 때 있었다. 번개가 열린 창문을 통해 운전석에 떨어져서 그의 눈썹과 머리카락 대부분을 태웠고 그의 손목시계를 그슬렸다. 설리번은 의식을 잃었고, 트럭은 계속 굴러가다가 절벽 가장자리에서 멈춰 섰다. 그로부터 1년 뒤에 세 번째 사건이 일어났다. 번개가 변압기에 맞고 튕겨져서 정원에서 일하던 설리번에게 떨어진 것이다.[3]

그 무렵 번개에 세 번이나 맞고도 살아남은 사람은 그 말고 두 명 더 있었을 뿐이다. 그리고 둘 다 세 번째 타격은 치명적이었다. 설리번이 번개에 네 차례나 맞은 것을 공원 당국이나 의사가 확인해주면서 예순 살의 산림관리원은 번개에 네 번 맞은 유일한 생존 인물로 기네스북에 올랐으며, 그는 '인간 피뢰침',[4] '번개 인간', '불꽃 산림원' 같은 별명을 얻었다.[5]

설리번에게 왜 하필 그인지 질문하는 사람들이 있었다. 그는 자신의 '운'을 신의 섭리 덕이라고 했지만 신이 왜 그토록 자주 자신을 선택했는지 솔직히 모르겠다고 털어놓았다. 신은 이것으로 성이 차지 않았던 모양이다. 설리번이 1973년과 1976년에 두 차례 더 번개에 맞은 것을 보면 말이다. 그는 국립공원에서 은퇴하고 나서 마지막으로 한 번 더, 이번에는 1977년에 낚시를 하다가 번개에 맞아 화상을 입었다.[6]

설리번의 기록을 다르게 설명하는 방법은 번개를 그저 직업상의 위험으로 보는 것이다. 직업마다 일어날 확률이 특별히 더 높은 위험이 있다. 권투선수는 주먹에 맞을 확률이 높고, 목사는 방울뱀에 물릴 확률이 높고, 산림관리원은 번개에 맞을 확률이 높다.

그런데 젠장, 실은 우리가 목숨을 부지하는 것조차 직업상의 위험이다. 다음 페이지의 그래프를 보자.

그래프 곡선은 암의 발생률이 서른 살에서 일흔다섯 살 사이에 거의 100배 높아진다는 것을 보여준다.[7] 다섯 명 가운데 두 명은 언젠가는 암의 공격을 받게 된다.[8]

이런 패턴이 처음으로 보고된 것은 거의 70년 전이었다. 그 무렵에 유행병학자들은 암과 생활 습관, 직업 사이의 상관관계를

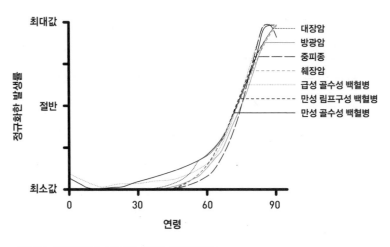

그림 7.1. 연령에 따라 100배 높아지는 암의 발생률

나타내는 확실한 첫 증거들을 수집하고 있었다. 연구자들은 그 이후로 암이 왜, 어떻게 발생하는지 알아내고자 했다. 연령이나 특정 활동에 따라 암의 발생률이 증가한다는 점, 그리고 모두가 다 암에 걸리는 것은 아니라는 사실 때문에 초창기 연구자들은 강한 우연의 요소가 있을 거라고 생각했다.

이 장에서 우리는 이런 질문을 하려고 한다. 암은 어느 정도까지 나쁜 유전자, 나쁜 습관, 나쁜 운의 문제일까?

암이라는 것이 기분 좋은 주제는 분명 아니다. 그러나 우리는 암이 어째서 우연에 휘둘리는 우리의 삶의 일부인지 제대로 알게 될 것이다. 우리에게 행운을 안겨주었던 바로 그 과정 가운데 하나가 우리에게 불운을 안겨줄 수도 있다. 나는 우리의 생식샘에서 벌어지는 게임과 생명의 수정 과정에서 일어나는 도박에

대해 설명했다. 하지만 37조 개의 다른 세포들의 사실상 모두에
서 또 다른 우연의 게임이 벌어지고 있다. 그리고 지금 여러분 몸
안에 있는 세포 하나가 언젠가 여러분을 죽일 수도 있다. 여러분
은 그것에 대해 틀림없이 알고 싶을 것이다.

우연의 이야기를 여기까지 따라온 사람이라면 무작위적 돌연
변이와 선택이라는, 이제는 익숙한 현상이 또 하나의 계단을 어
떻게 만드는지 이해할 준비가 되어 있을 것이다. 이번에 살펴볼
것은 암의 계단이다. 어쩌면 여러분이 배우는 지식이 여러분이
나 사랑하는 사람을 그 계단에서 벗어나도록 도와줄 수도 있다.

암의 계단

유행병학자들이 주목한 것은 그저 연령이 높을수록 암이 빈번
해진다는 사실만이 아니었다. 암의 발생률을 나타내는 곡선이
지수함수의 양상을 보인 것이다. 이는 암 환자 수가 연령이 높아
질수록 그만큼 더 빠른 속도로 증가한다는 뜻이다. 그 속도가 어
떻게 되고 그것이 무엇을 의미하는지 알아내기 위해 학자들은
지수의 역함수인 로그를 사용했다. 초창기 연구자들이 여러 암
으로 죽은 사망률의 로그값과 연령의 로그값을 좌표에 표시했을
때 그들은 여러 다른 암들 사이에 상당히 일관된 수학적 관계를
보았다. 바로 각각의 암 사망률이 연령의 여섯제곱의 함수로 증
가했다(그림 7.2).

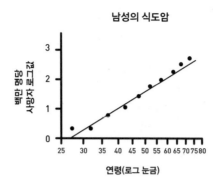

남성의 식도암

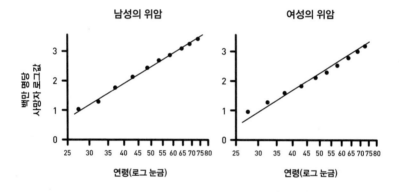

남성의 위암

여성의 위암

그림 7.2. 암은 연령의 여섯제곱의 함수
여러 종류의 암 사망률은 연령의 여섯제곱으로 증가하는데, 이를 보고 초창기 연구자들은 암의 발생에 일련의 돌연변이가 관여한 것이라고 추정했다.

왜 여섯제곱이고, 그것은 어떤 의미일까?

암이 번개에 맞거나 뱀에 물리는 것과 같은 '단발적' 사건이었다면 전 연령에 걸쳐 고르게 나타났을 것이다. 그러나 암은 연령의 여섯제곱에 비례하여 증가했으므로 누적적 위험이고 누적적

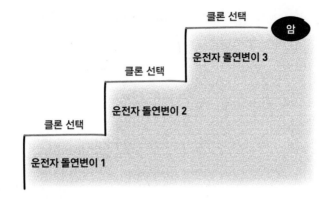

그림 7.3. 암의 계단
암은 여러 사건이 누적된 과정이다. 운전자 유전자에서 최초의 돌연변이가 일어나(단의 높이) 다른 세포보다 돌연변이를 가진 세포의 클론에 살짝 선택적인 이득을 줄 수 있다(단의 너비). 이런 클론 세포 가운데 하나에서 두 번째 운전자 돌연변이가 일어나 더 선택적인 이득을 줄 수 있다. 이런 두 번째 클론 세포 내에서 세 번째 운전자 돌연변이가 일어나 선택적인 이득을 한층 증가시킬 수 있고, 이것이 어느 지점을 넘어서면 암이 형성된다.

과정의 결과일 수 있었다.[9] 이런 관계는 DNA 구조가 해결되고 돌연변이의 성격이 밝혀지기도 전에 알려졌지만, 선구적인 몇몇 유행병학자들은 암이라는 것이 나이가 들면서 하나의 세포 내에서 연이은 여러 돌연변이들이 축적되어 일어나는 것이라고 대담하게 주장했다. 그들은 많은 암들이 연령의 여섯제곱의 함수라는 발견에 힘입어 한층 더 대담하게도, 이런 암이 발생하려면 예닐곱 차례 연이은 돌연변이가 필요했을 거라고 주장했다.

이런 시나리오에서 연구자들은 반복적인 과정을 상상했다. 최초의 돌연변이가 하나의 세포에서 일어나고, 그 세포가 증식한다. 얼마 뒤에 두 번째 돌연변이가 이런 세포들 가운데 하나에서 일어나고, 마찬가지로 증식한다. 이어 세 번째 돌연변이가 일어나고 또 증식한다. 연구자들은 각각의 돌연변이가 정상적인 세포보다 성장에 어떤 식으로 이득을 준다면, 그 세포는 수가 늘어나고 결국에는 징상적인 조직보다 과도하게 성장하여 암처럼 행동하는 것이라고 이해했다. 이후 수십 년에 걸쳐 인간과 동물의 종양을 연구하여 같은 종양에 있는 세포들은 확연한 염색체 기형을 자주 공유한다는 것이 밝혀졌고, 이로써 종양은 하나의 세포에서 일어난 최초의 돌연변이에서 유래했다는 주장에 힘이 실리게 되었다.[10] 이 말은 종양이 유전적 클론이라는 뜻이다.

아울러 이 말은 암이 또 하나의 계단이라는 뜻이기도 하다. 새로운 돌연변이가 각 단의 높이가 되고 선택이 새로운 돌연변이가 포함된 클론을 확산시킴으로써 단의 너비를 만드는 과정이 계속 이어지는 계단 말이다(그림 7.3).

하지만 이런 계단은 암의 발생을 보여주는 개념적 윤곽일 뿐이다. 과학자들과 의사들이 절박하게 알고 싶어 하는 것은 각 단계를 시작하는 돌연변이의 정체, 그리고 암으로 진행하기 위해 얼마나 많은 단계를 거쳐야 하는가였다.

운전자, 가속페달, 브레이크

유행병학 연구의 토대가 마련되고 20년이 지나서야 연구자들은 암의 유전자를 들여다보기 시작했다. 아직 답을 얻지 못한 중요한 질문이 있었다. 암이 염색체 수의 차이 같은 어떤 유전적 기형의 결과인지, 아니면 특정 유전자의 변이 때문인지 알지 못했다. 동일한 유형의 암을 가진 환자들에서 대단히 특정한 염색체 재배열이 독자적으로 일어난 것이 확인되면서 첫 번째 돌파구가 열렸다. 적어도 이런 암들은 특정 유전자의 변이 때문에 일어난 것임을 시사하는 것이었다.

처음에는 얼마나 많은 다른 유전자가, 그리고 어떤 종류의 유전자가 암을 일으키는지 아무도 몰랐다. 인간의 유전체에는 대략 2만 개의 유전자가 있다. 이런 유전자의 광범위한 부분이 암 발생에 기여했다면 난감한 상황이 아닐 수 없었다. 마침내 유전자 클로닝과 DNA 서열 분석이 가능해지면서 인간의 암과 연관되는 유전자 돌연변이가 하나하나 밝혀지기 시작했다. 수십 년 연구가 이어진 결과, 암에서 자주 변이되는 150개가량의 유전자가 확인되었다.[11] 그 숫자는 모든 유전자의 작은 일부(1퍼센트도 안 되는)만이 암 발생에 결정적 역할을 한다는 것을 말해준다.

변이 유전자는 기능으로 보아 크게 두 가지 범주로 나뉜다. 어떤 유전자의 돌연변이는 그것이 만드는 단백질의 활동성을 늘리거나 바꿔서 암 발생을 촉진한다. 이런 유전자를 가리켜 종양유전자oncogene라고 한다. 어떤 암들을 살펴보면 돌연변이에 의해 결실되거나 비활성화되는 유전자들이 있는데, 정상적이었다면 이런 유전자가 만드는 단백질이 세포의 무분별한 성장을 억제하는 것으로 짐작된다. 이런 유전자를 종양억제유전자tumor suppres-sor gene라고 한다.

자동차가 통제를 벗어나 속도가 빨라지는 것을 상상하면 이해하기 쉽다. 이런 일이 벌어지는 두 가지 경우란 가속페달이 걸렸거나 브레이크가 망가진 것이다. 종양유전자 돌연변이는 가속페달이 걸리게 하고, 종양억제유전자 돌연변이는 브레이크를 망가뜨린다. 두 범주의 돌연변이 모두 암이 발생하도록 몰아가므로drive 흔히들 '운전자driver' 돌연변이라고 부른다.

이것이 문제를 일으키는 데는 특별히 빠른 속도가 필요하지 않다. 운전자 돌연변이가 다른 세포보다 성장에 아주 작은 추가적 이득, 1퍼센트에도 못 미치는 추가적 이득을 준다고 해도, 이런 사소한 이득이 하루가 지나고 일주일이 지나고 여러 해가 지나면 엄청나게 많은 세포의 증식으로 이어질 수 있다.

어떤 종양에서도 잠재적 운전자 돌연변이가 있는지 검사할 수 있고 돌연변이와 종양의 행동이 어떻게 연결되는지 알아낼 수 있다면 더할 나위 없을 것이다. 예상보다 훨씬 빠르게 그런 날은 이미 왔다. 그리고 그런 기술이 열어주는 전망은 우리의 시야를 새롭게 넓히면서 동시에 정신이 번쩍 들게 만든다.

우연의 현장
암 유전자 분석의 혁명을 견인한 원동력은 DNA 염기서열 분석에 드는 시간과 비용이 대폭 감소한 것이었다. 10년 전만 해도 환자 한 명당 10만 달러 이상 들었지만 오늘날에는 1천 달러면 된다. 국가적, 국제적 노력으로 수만 개 암세포를 연구하여 DNA 염기서열의 '지도책'이 마련되었다.

연구자들과 임상의들의 과제는 암의 DNA 염기서열을 샅샅이 뒤져서 운전자 돌연변이를 찾아내는 것이다. 각각의 운전자 유전자 상태는 염기서열이 얼마나 견실한지 검사하여 평가한다. 많은 암들의 서열을 분석한 결과, 운전자 돌연변이와 암 사이에 특정한 관계가 있음이 드러났다. 예컨대 일부 백혈병은 특정한 하나의 운전자 유전자 내에서 일어나는 돌연변이를 거의 항상 수반하며, 대장암과 소아 망막아세포종도 그러하다. 다른 운전자 돌연변이들은 다양한 여러 암들의 광범위한 부분에서 일어나 보다 일반적인 방식으로 암의 발생에 기여하는 것으로 보인다. 대개는 하나 이상의 운전자 돌연변이를 갖는다.[12] 대부분의 종양은 둘에서 여덟 개의 운전자 돌연변이를 포함한다. 그리고 걸린 가속페달과 망가진 브레이크 둘 다 갖고 있는 경우가 많다.

여러 개의 운전자 돌연변이는 암이 일반적으로 다발적 과정이라는 강력한 증거다. 그러나 우리가 암 유전체에서 얻을 수 있는 정보는 이것만이 아니다. 운전자 돌연변이는 어떤 암에서도 유일한 돌연변이가 아니다. 실은 전체 돌연변이에서 대체로 소수파에 지나지 않는다.

그림 7.4를 보자. 다양한 여러 암들에서 발견되는 단백질을 변

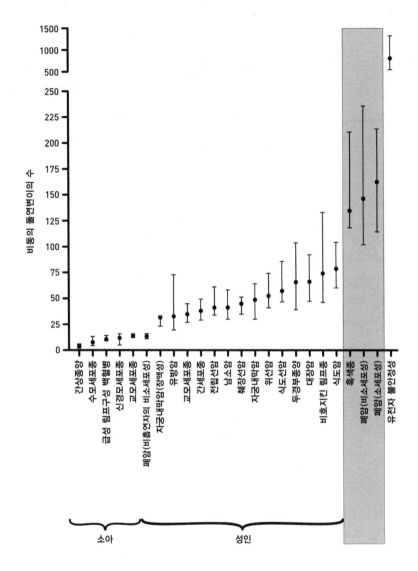

그림 7.4. 여러 암들과 서로 다른 돌연변이의 수

경시키는 돌연변이('비동의non-synonymous 돌연변이')의 수를 가장 적은 것부터 가장 많은 것까지 차트에 나타낸 것이다.

이런 돌연변이의 수는 암에 따라 적은 것은 10개 미만이고 많은 것은 200개가 넘는다. 대부분의 돌연변이는 운전자 유전자 말고 다른 유전자에서 일어나고, 대체로 무작위적 분포를 보이며, 암의 발생에 연루되지 않는다. 그래서 그저 암에 승객처럼 타고 있다는 뜻에서 '승객passenger' 돌연변이라고 부른다. 승객 돌연변이의 수는 암의 발생과 관련하여 특히 중요한 정보임이 밝혀졌다.

왼쪽부터 숫자들을 살펴보면 모든 암을 통틀어 소아 종양에서 돌연변이 수가 가장 적다. 성인 고형 종양의 대부분은 평균적으로 돌연변이 수가 15개에서 75개 사이이며, 두 종의 종양은 125개를 넘는다.

내가 설명을 더 이어가기 전에 차트 아래에 적힌 종양의 유형을 읽어보고 어떤 종양이 왜 그 자리에 있는지 잠깐 생각해보자.

이제 몇 가지 특정한 비교를 해보자.

먼저 성인 패턴과 소아 패턴의 비교다. 어째서 성인 종양에 더 많은 승객 돌연변이가 있을까? 가장 이해하기 쉽게 설명하자면 성인 세포에서 일어나는 암은 아이에게 일어나는 암보다 더 많은 DNA 복제를 거쳤으므로 당연히 더 많은 돌연변이가 축적되었다는 것이다.

그러면 성인에게 발생하는 암들의 차이는 왜 일어날까? 성인!

종양 범위의 양쪽 끝을 보자. 폐암에서 발견되는 돌연변이 수를 보면 비흡연자에게 일어나는 폐암의 돌연변이는 15개 이하인 반면, 흡연자에게 일어나는 폐암(소세포성 암과 비소세포성 암)의 돌연변이는 그보다 10배 더 많다.[13] 이런 차이는 어떻게 설명할 수 있을까?

담배 연기에는 DNA를 바꾸거나 손상시키는 수십 가지 화학물질이 들어 있다.[14] 흡연자의 폐암에서 승객 돌연변이 수가 비흡연자보다 평균적으로 더 많게 나타나는 것은 흡연이 돌연변이의 발생 빈도를 높인다는 것을 말해준다. 실제로 폐암에는 그림 7.4에 표시된 하나를 제외하면 다른 모든 암들보다 더 많은 돌연변이가 나타난다.

그리고 예외인 암의 정체도 비슷한 이야기를 들려준다. 그것은 흑색종이다. 피부암은 햇빛에 더 많이 노출되는 것과 상관관계가 있다. 그래서 피부암의 발생률은 햇빛이 잘 드는 기후에 사는 백인에게서 가장 높게 나타난다(대표적으로 남아프리카, 오스트레일리아, 애리조나 주). 태양은 자외선을 생산하고, 자외선은 잘 알려졌듯이 DNA 손상과 돌연변이의 원인이 된다. 그러므로 흑색종에서 승객 돌연변이 수가 더 많다는 것은 흡연자의 폐암과 마찬가지로 이런 세포들이 돌연변이 유발원에 장기적으로 훨씬 더 많이 노출되었다는 사정을 반영하는 것이다.

이제 우리는 단일 세포의 DNA를 빠르게 분석하는 기술을 갖고 있으므로 연구자들은 이런 기술을 이용하여 정상적인 세포

조직에서 운전자 돌연변이가 있는지 알아내고, 암 발생 초기에 일어나는 국부적 사건들을 추적하고 있다. 영국 연구 팀이 성형 수술 환자들의 눈꺼풀에서 정상으로 보이는 피부조직을 분석하여 아주 많은 돌연변이를 확인했고, 그중 4분의 1가량은 잠재적 운전자 돌연변이처럼 행동하는 것을 알아냈다.[15]

폐암, 흑색종, 심지어 정상으로 보이는 피부조직에서도 더 많은 돌연변이가 확인된다는 것은 흡연과 햇빛 노출이 어째서 암의 위험을 높이는지 보여주는 생생한 증거다. 돌연변이는 유전체 곳곳에서 무작위로 일어나지만, 세포의 DNA에 돌연변이가 더 많이 일어날수록 운전자 유전자에서 돌연변이가 일어나고 두 번째, 세 번째 돌연변이가 일어날 확률도 그만큼 높아진다.[16]

돌연변이 수와 암 확률의 관계를 그야말로 확실하게 보여주는 것은 특별한 범주의 운전자 돌연변이다. 어떤 암은 돌연변이가 어찌나 많은지(500~1,500개) 그림 7.4의 차트에 말 그대로 들어가지도 못한다. 이런 종양들은 망가진 DNA가 없는지 살피고 고치는 단백질을 암호화하는 유전자에서 돌연변이가 일어난 것이다.[17] 그러니 이런 종양의 전체적인 돌연변이율은 훨씬 더 높고, 추가적인 운전자 돌연변이가 일어날 확률은 그보다 더 높다.

이제 우리는 어째서 나이가 들수록 암의 위험이 높아지는지 알았다. 세포가 더 많이 분열할수록 축적되는 돌연변이도 많아지는 것이다. 그러나 암은 확실성이 아니라 우연의 문제다. DNA의 어디에서 무작위적 돌연변이가 일어나는지의 문제다. 대부분의 세포에서는 운전자 돌연변이가 일어나지 않는다.

암과 싸워 이길 확률

이런 새로운 지식은 암의 원인에 대해 무엇을 말해줄까? 일단
은 여러분이 누구에게 이런 질문을 하는지에 달렸다. 유전학자
라면 운전자 돌연변이가 암을 일으킨다고 말할 것이다. 옳은 말
이지만 우리가 어떻게 살아가고 사랑하는 사람을 어떻게 돌볼지
에 그리 도움이 되지는 않는다. 더 적절하고 시급한 질문은 무엇
이 이런 운전자 돌연변이를 일으키는가 하는 것이다. 이 질문의
대답에는 세 가지 부분이 있다.

첫째 부분은 그림 7.4의 소아 종양이 잘 보여준다. 돌연변이 수
는 적지만 어쩌다 보니 운전자 유전자에서 일어난 것이다. 여기
에는 생활 습관이 끼어들 여지가 없다. 그냥 끔찍하게 운이 나빴
을 뿐이며 그나마 상대적으로 희귀하다. 누군가의 아이가 이런
종양에 걸렸다면, 여러분이 해줄 수 있는 말은 그들이 암을 일으
킨 것이 아니며 암을 예방하기 위해 할 수 있는 일이 아무것도 없
었다는 걸 확인해주는 것이다.

두 번째 부분은 폐암, 피부암, 자궁경부암에서 나온다. 이런 암
들에는 나쁜 운의 요소도 있지만 계단에서 벗어나는 방법이 분
명히 있다. 예컨대 흡연은 폐암의 평생 발생률을 10배에서 20배
높인다.[18] 커트 보니것은 이런 말을 했다. "보건 당국은 미국인들

이 담배를 많이 피우는 주요 이유를 결코 언급하지 않는다. 그게 뭐냐면 흡연은 꽤나 확실하면서 꽤나 품위 있는 자살 형식이라는 것이다."[19] 마찬가지로, 매년 피부암 진단을 받는 사람들이 다른 암들을 다 합친 것보다 많지만, 위험한 환경의 사람들이 자외선 차단제를 꾸준하게 바르면 암 발병을 줄일 수 있다는 많은 연구가 있다.[20] 우리는 보니것이 언젠가 대학 졸업생들에게 한 조언을 귀담아 들어야 한다. "자외선 차단제를 바르시오! 담배를 피우지 마시오!"[21] 마찬가지로, 대부분의 자궁경부암(그리고 많은 구강암과 두경부암)은 인간 유두종 바이러스(HPV) 감염이 원인이다. 그러므로 백신 접종(여러분이 그런 것을 믿는다면!)을 통해 대체로 예방이 가능하다.

세 번째 부분은 차트에 있는 대다수 성인 종양에서 나온다. 이런 암들에서 발견되는 돌연변이 수는 돌연변이가 가차없으며 생명을 이어가고 DNA를 복제하는 과정의 불가피한 산물임을 보여준다. 일부는 생활 습관과 환경 노출로부터 영향을 받기도 하지만, 대부분의 성인 암은 대체로 나쁜 운의 문제, 그러니까 불행한 사건들의 연속의 결과이면서, 남들보다 더 오래 산 행운이 감수해야 하는 몫이기도 하다.

그러나 가장 중요한 질문은 암이 발병하여 맞서 싸울 때 이 모든 것이 무엇을 의미하느냐는 것이다. 희소식은 무작위적 돌연변이에 관한 이런 새로운 지식이 새로운 힘과 새로운 희망을 불러왔다는 것이다. 빙하시대의 혼란이 빚어낸 거대한 뇌의 원숭이는 과도하게 커진 바로 그 뇌를 사용하여 우연에 맞서 싸우고 있다.

25년 전, 우리는 운전자 돌연변이를 찾기 위해 대부분의 암의 어디를 들여다봐야 할지 몰랐고, 설사 찾았다 해도 넋 놓고 바라보는 수밖에 없었다. 그러나 1998년 초부터 운전자 돌연변이가 생산하는 특정 분자를 표적으로 삼는 새로운 부류의 약물이 개발되었다. 오늘날에는 30개 이상의 암의 성장과 확산에 관여하는 분자들을 표적으로 삼는 수십 가지 약물이 있으며, 더 많은 것을 개발하는 중이다.[22] 이제 번개에 맞아도 살아남을 수 있는 확률이 점점 높아지고 있다.

후기 : 우연에 관한 대화

호랑이는 사냥해야 하고, 새는 날아야 하고,
인간은 자리에 앉아 '왜, 왜, 왜' 하고 물어야 하지.
호랑이는 잠을 자야 하고, 새는 땅에 내려와야 하고,
인간은 이해한다고 스스로에게 말해야 하지. [1]
— 커트 보니것, 『고양이 요람』(보코논서)

커트 보니것은 자전적인 내용을 담고 있는 소설 『슬랩스틱』에서 마흔한 살에 암으로 죽은 자신의 누나 앨리스의 이야기를 털어 놓는다. 그와 형 버나드는 결국에는 마지막이 되고 만 날에 누나를 찾았다.

"그녀의 죽음은 한 가지 사항만 아니었다면 특별할 것 없는 죽음이었을 거야. 그게 뭐냐 하면 월스트리트 칸막이 사무실에서 증권 중계인들을 위한 잡지를 만들던 건강하던 그녀의 남편 제임스 카몰트 애덤스가 이틀 전 아침에 죽었다는 거야. 그는 미국

철도 역사상 열린 도개교 아래로 추락한 유일한 열차인 '브로커 통근 열차'에 타고 있었어.

생각해 봐.

그런 일이 정말로 일어났다니까."²

위대한 유미작가는 평생 기상천외한 많은 이야기들을 지어 냈지만, 열차 사고는 그의 말대로 정말로 일어났다. 1958년 9월 15일 아침, 100명의 승객을 싣고 저지시티로 가던 뉴저지 센트럴 통근 열차는 어찌된 일인지 세 개의 신호등과 자동 탈선기를 천천히 밀고 들어가 165미터를 더 나아갔고, 마침내 열린 도개교에서 15미터 아래로 추락하고 말았다. 열차 다섯 량 가운데 두 대가 물속에 떨어졌고 세 번째 차량은 공중에 두 시간 넘게 매달려 있었다.³ 구조대원들의 영웅적인 노력에도 불구하고 마흔여덟 명이 죽었는데 그중에는 보니것의 매형도 있었다.

누나는 위중한 상황이었고 행여 남편이 홀로 키워야 할 수도 있는 어린 네 자식에 대한 걱정이 이만저만이 아니었으므로, 보니것과 형은 비극적 사고를 누나에게 말하지 않기로 했다. 그러나 옆에 있던 환자가 신문을 건네는 바람에 그녀는 사망자와 실종자 명단에 남편 이름이 있는 것을 보았다.

"앨리스는 어떤 종교적 계시를 받은 적도 없었고 평생 남부끄럽지 않은 삶을 살았어. 그러니 자신에게 닥친 끔찍한 운을 대단히 분주한 곳에서 일어난 우발적 사고 말고는 다르게 생각하지 못했어.

잘한 거지."[4]

실제로 그랬다. 대단히 분주한 곳에서 일어난 우발적 사고였다. 나는 우리 모두가 집단적으로든 개인적으로든 일련의 우연을 통해, 그러니까 우주적 우연, 지질학적 우연, 생물학적 우연 덕분에 지금 여기 있는 것임을 우리가 어떻게 아는지 보여주었다. 또한 우리 중 누군가는 어떻게 왜 우연을 통해 생을 마감하는지도 보여주었다.

우연이 지배하는 세상이라는 것은 심오한 깨달음이다. 맹목적인 우연이 생물권에서 일어나는 모든 새로움, 다양성, 아름다움의 원천이라는 사실은 참으로 놀랍다. 소행성 충돌이, 지각판의 이동이, 그저 네 개 염기의 심실세동이 어떤 결과를 일으켰는지 보고 여러분은 틀림없이 깜짝 놀랄 것이다.

그러나 우연에 휘둘리는 우리의 존재는 우리가 가능한 모든 세계들 가운데 최고의 세계가 아니라 소설가 크리스티안 융게르센이 말한 "무자비한 무작위성, 극도의 혼란, 계속적인 생물의 취약성"의 세계에 산다는 불편한 곤경을 들추어낸다.[5] 이런 견해는 당연히 더 큰 설계에서 인간이 중심을 차지한다는 전통적인 믿음을 뒤흔든다.

모노를 비판하는 자들이 원성을 높였듯이 우연은 신을 실직으로 내몰았다. 적어도 우리가 전통적으로 신에게 맡겼던 여러 일들에서 신은 설 자리를 잃었다. 어떤 난자와 정자를 수정할지 결정하는 일, 생물의 DNA와 형질을 설계하는 일, 날씨를 정하는 일, 암을 일으키는 일, 유행병을 일으키는 일, 모두 신이 아니라 우연이 관여한다.

이런 주장에 맞서 의지처가 필요하다면 그저 우연을 거부할 수도 있다. 하지만 도처에 있는 우연의 역할을 용기 있게 받아들인다면, 삶의 의미와 목적과 관련하여 도전적인 질문들이 생긴다. 우리가 신의 뜻이 아니라 우연에 의해 여기 있는 것이라면 무엇을 해야 할까? 이와 같은 지식에 직면하여 우리는 어떻게 살아야 할까?

이런 질문을 받으면 「스타트렉」에 나오는 맥코이 박사처럼 "젠장, 짐, 나는 과학자이지 철학자가 아니야" 하고 외치고 싶다. 사람들이 스스로 알아서 결정할 문제라고 생각한다. 그러나 이것은 후기이며 이 문제에 관한 나의 견해를 기다리는 사람도 있을 터이므로 내가 좋아하는 몇몇 사상가들의 도움을 받아 가능한 몇 가지 대답을 내놓으려 한다.

우연이 지배하는 세상, 그런 세상에서 의미를 찾으려는 인간의 몸부림은 보니것의 작품에 반복적으로 등장하는 주제였다. 누나 앨리스가 죽고 난 직후에 보니것은 두 번째 소설 『타이탄의 미녀』 (1959)를 썼다. 미래를 배경으로 하는 소설은 이렇게 시작한다.

"모든 사람이 이제 자기 안에서 삶의 의미를 어떻게 찾을지 알고 있다.[6]

그러나 인류가 항상 그렇게 운이 좋았던 것은 아니어서 백 년 전만 하더라도 남자들과 여자들은 자기 안의 수수께끼 상자에 그리 쉽게 접근하지 못했다.

그들은 영혼으로 들어가는 53개 입구 가운데 이름을 지어준 것이 단 하나도 없다.

싸구려 종교는 거대한 사업이었다."

소설의 주인공 가운데 한 명(윈스턴 럼푸드)은 '전혀 무관심한 신의 교회'를 차린다. 교회의 주된 가르침은 이러하다. "보잘것없는 인간은 전능한 신을 돕거나 즐겁게 하기 위해 아무것도 할 수 없으며, 운은 신의 손이 아니다."[7] 또 한 명의 주인공(말라카이 콘스탄트)은 납치되었다가 나중에 지구로 돌아와서 교회의 핵심 교리 하나를 말한다. "나는 일련의 우발적인 사건의 희생자였습니다. 우리 모두가 그렇듯이 말입니다."[8]

보니것이 남긴 책들은 모든 일에는 다 이유가 있다는 생각과 거리가 멀고 맹목적인 우연이 세계를 지배한다고 생각하는 사람들이 과학자 말고 또 있음을 내게 일깨워주었다. 바로 유머작가와 코미디언이다. 세스 맥팔레인, 에릭 아이들, 빌 마허, 리키 저베이스, 세라 실버먼, 빌 버, 에디 이자드, 루이스 블랙 등 현재 활동하는 위대한 많은 코미디언들, 그리고 마크 트웨인에서 보니것, 조지 칼린에 이르는 지금은 우리 곁에 없는 위인들은 인간이 세상에서 차지하는 자리와 목적에 대한 전통적인 믿음을 거부하고 이런 믿음이 터무니없음을 보여주어 우리로 하여금 웃게 만든다.

여기서 궁금증이 들었다. 그토록 재밌는 많은 사람들은 왜 그럴까? 과학자들과 코미디언들은 어떤 공통점이 있을까? 코미디언들은 어째서 그런 주제에 끌리는 걸까? 그들은 도처에 있는 우연에 마주하여 우리가 어떻게 살아야 한다고 생각할까? 나는 몇 명에게 연락하여 직접 물어보기로 했다.

그때 문득 이런 생각이 들었다. 그들을 한 자리에 불러 모으고 나의 문학적, 과학적 영웅들도 몇 명 초대하여 우연과 그것이 함축하고 있는 모든 의미들에 대해 이야기를 나누도록 하면 재밌지 않을까? 나는 이런 재밌고 똑똑한 사람들이 거실에 앉아 거리낌 없이 대화를 나누는 광경을 상상하기 시작했다.

물론 실행에 옮기기는 불가능했다. 다들 글 쓰고 연기하고 투어를 다니느라 지독히 바쁜 몸들이고 몇 명은 애석하게도 이 세상에 없다. 나는 그들이 공통으로 가진 위트와 지혜를 사람들에게 전하는 최선의 방법은 그들이 내게 말했거나 서로에게 말한 것을 바탕으로 대본을 쓰는 것이라고 판단했다. 아래의 글은 그들의 대화를 그럴 법하게 꾸며본 것이다(대부분의 인용문은 그들이 실제로 말한 것을 그대로 가져왔으니 주를 참고하라).

우연에 관한 대화

[출연진]

- **알베르 카뮈:** 작가, 철학자, 1957년 노벨문학상 수상
- **리키 저베이스:** 코미디언, 배우, 대표작 「오피스」, 「애프터 라이프」
- **에릭 아이들:** 코미디 집단 몬티 파이튼의 창립 멤버, 작사작곡가, 대표작 「브라이언의 삶」, 「삶의 의미」
- **에디 이자드:** 코미디언, 배우, 대표작 「포스 마쥬어」
- **빌 마허:** 코미디언, 「빌 마허의 리얼타임」 진행자
- **세스 맥팔레인:** 코미디언, 애니메이션 작가, 배우, 대표작 「패밀리 가이」
- **자크 모노:** 생화학자, 1965년 노벨생리의학상 수상, 대표작 『우연과 필연』
- **세라 실버먼:** 코미디언, 배우, 대표작 「티끌 한 점」
- **커트 보니것:** 작가, 대표작 『타이탄의 미녀』, 『제5도살장』
- **션 B. 캐럴:** 사회자, 노벨상 없음, 코미디언 아님

캐럴 이 자리에 함께해주셔서 감사합니다. 먼저 각자의 삶에서 일어난 우연에 대해, 우발적 사고에 대해 이야기해보죠. 세스, 나는 당신이 9/11 때 간발의 차이로 목숨을 구한 이야기로 책을 시작했습니다. 그 사건은 당신 삶에 영향을 미쳤나요?

맥팔레인 특별히 그렇지는 않아요. 나는 숙명론자가 아닙니다.[9] 종교적인 사람도 아니고요. 하지만 우리가 알아차리지도 못하는 위기의 순간이 해마다 수백 번은 있을 거라고 장담합니다. 예컨대 여러분이 방금 건넌 길을 2분만 늦게 건넜더라면 자동차에 치였겠지요. 하지만 여러분은 결코 알지 못해요. 이와 같은 일들이 항상 일어납니다.

실버먼 나는 말도 안 되게 운이 좋아서 살아남았습니다.[10] 2016년에 아주 별난 후두개염을 앓았어요. 곧바로 의학적 처치를 받았는데, 무슨 일이 일어나고 있는지 전혀 몰랐어요.[11] 내 목숨이 위태로웠다는 것은 나중에 알았습니다.

캐럴 무슨 일이었죠?

실버먼 의사를 왜 찾아갔는지도 모르겠어요.[12] 그냥 목이 따가웠을 뿐인데 의사가 내 목 안을 들여다보더니 응급실로 가야 한다고 했죠.[13] 공기가 들락거리는 기도(氣管) 맨 위쪽에 농양이 있었던 겁니다. 1밀리미터만 더 커지면 숨이 막혀서 죽게 되는데, 그게 아니라도 터지면 독성물질이 차 있어서 목숨을 잃게 되지요. 닷새 뒤에 깨어났을 때는 아무것도 기억나지 않았습니다.[14]

캐럴 이런 경험이 당신에게 어떻게 영향을 미쳤나요?

실버먼 퇴원하고 첫 이틀은 약 기운에, 혹은 약 기운이 없어서 그랬는지, 공중에서 바닥으로 떨어지는 기분이었고, 아무것도 중요하지 않다는 생각에 무력한 기분이 들더군요.[15] 다행히도 아무것도 중요하지 않다는 생각은 동기부여가 되는 깨달음으로 바뀌었습니다. 이런 사건을 겪고 나서 뭐랄까……. 고마워하는 마음이 더 생겼습니다.[16] 살짝 상투적으로 들리는 단어라서 적절한 표현인지는 모르겠습니다만.

모노 나 역시 그런 마음이 들었어요.[17] 북극 항해를 포기했는데 그 배가 가라앉은 겁니다. 배 이름은 '푸르쿠아파(안 될 게 뭐야?)'였어요. 항해를 이끈 사람은 유명한 선장이자 탐험가였습니다. 나는 1934년에 박물학자로 그 배에 올라 그린란드를 다녀왔습니다. 2년 뒤에 그들이 같이 가자고 나를 다시 초대했는데, 마지막 순간에 나는 캘리포니아로 가기로 마음을 바꿨습니다. 그 배는 아이슬란드 인근에서 허리케인을 만나 침몰했고 겨우 한 명만이 살아남았습니다.

캐럴 나중에 전쟁 때는 어땠어요? 당신과 알베르는 레지스탕스로 활동했잖아요. 대단히 위험한 일이었죠.

카뮈 그랬죠. 상당히 위험했습니다.[18] 하지만 나는 운이 좋았습니다.

캐럴 어째서 그렇죠?

카뮈 나는 붙잡히지 않았지만 많은 동료들이 체포되거나 목숨을 잃었으니까요.[19] 나를 레지스탕스로 받아준 여성은 언젠가 나와 만나기로 한 날에 체포되어 강제수용소로 추방되었습니다. 나도 거리에서 수색을 당한 적이 있었는데 내가 가진 서류를 그들이 찾지 못했죠. 만약 찾았다면 나도 그녀와 같은 일을, 혹은 더 나쁜 일도 당했을 겁니다.

모노 게슈타포는 파리에 없는 곳이 없었어요.[20] 그러니 다음 번 만남이 마지막이 될지도 모르는 일이었죠. 비밀 은신처로 사람들을 만나러 가다가 '가족을 다시 못 볼지도 모르는 위험을 감수하고 안으로 들어갈까, 아니면 그냥 지나쳐서 집으로 돌아갈까' 생각했던 기억이 납니다. 노르망디 상륙 작전 사흘 전에 파리에 있던 지도자들 거의 모두가 적에게 붙잡혔습니다. 다행히도 나는 그날 밖에 나가 있었습니다.

보니것 나는 붙잡혔습니다.[21] 육군 정찰병으로 근무했는데 벌지 전투에서 독일군에게 붙잡혀 포로가 되었지요. 우리는 1차

세계대전 참호만큼이나 깊은 도랑에 있었고 사방이 눈이었습니다.[22] 누군가가 말하기를 우리가 있던 곳이 룩셈부르크일 거라고 했습니다. 식량이 다 떨어졌는데, 독일군들이 우리를 보고 있었던 모양이었습니다. 스피커로 우리에게 말을 걸었으니까요. 그들은 가망이 없다는 등의 이야기를 했습니다.

독일군은 88밀리 포탄을 쏘았고, 포탄은 우리 바로 위의 우듬지에서 터졌습니다. 어마어마한 굉음이 머리 바로 위에서 났고 포탄 조각이 우리 위로 떨어졌습니다. 몇 명은 맞기도 했고요. 그러고 나서 독일군은 다시 우리에게 나오라고 했습니다. 우리는 밖으로 나갔습니다.[23]

그들은 전쟁이 끝났고 우리보고 운이 좋다고 했습니다.[24] 목숨을 건진 것을 이제 확신해도 좋다고 말이죠. 전쟁의 양상은 그들의 확신과는 다르게 흘렀지만요.

캐럴 정말로 운이 좋았나요?

보니것 그렇기도 하고 아니기도 합니다.[25] 여섯 주 뒤에 드레스덴에서 전쟁 포로로 있을 때 연합군의 폭격이 있었어요. 전혀 예상치 못했던 공격이었습니다.[26] 마을에는 방공호가 거의 없었고 군수 시설이랄 게 없었거든요. 그저 담배 공장과 병원, 클라리넷 공장이 전부였습니다. 갑자기 사이렌이 울렸고(1945년 2월 13일이었습니다) 우리는 포장도로 지하 2층에 마련된 거대한 고기 저장고로 몸을 피했습니다. 우리가 올라왔을 때는 도시가 사라졌습니다.

매일 우리는 도시를 돌아다니며 지하실과 대피소로 들어가 시체들을 끌고 나왔습니다. 위생상의 조치였어요. 소름 끼치게 생생한 부활절 달걀 찾기였습니다. 25년 뒤에 나는 『제5도살장』을 썼습니다.[27]

아이들 커트의 소설에 실려도 손색없는 실화가 여기 또 있습니다. 제 아버지는 2차 세계대전이 끝나고 집으로 돌아오는 길에 돌아가셨어요.

보니것 아이고.

아이들 아버지는 1941년부터 전쟁이 끝날 때까지 영국 공군에서 웰링턴 폭격기 후방 사수이자 무선 통신병으로 복무했습니다.[28] 비행기에서 가장 위험한 자리인데 아무 탈 없이 마쳤습니다. 유럽에서 전쟁이 끝나고 일곱 달이 지난 1945년 크리스마스였어요. 열차에 자리가 없어서 아버지는 강철을 실은 트럭 짐칸에 편승해서 집으로 돌아오고 있었습니다. 그때 자동차 한 대가 다른 차량을 피하려고 방향을 확 틀었고, 그 바람에 트럭이 도로를 벗어나면서 강철이 움직여서 아버지를 때렸습니다. 그는 크리스마스이브에 병원에서 돌아가셨어요. 내가 세 살 때 일입니다.

카뮈 끔찍하군요. 저의 아버지도 1차 세계대전 때 마른 전투 (1914)에서 싸우다 돌아가셨죠. 그때 나는 한 살도 채 되지 않았습니다.

저베이스 유감이오, 친구들.[29] 전쟁은 내 운명에도 관여했답니다. 하지만 방향은 정반대죠. 어머니와 아버지는 영국에서 등화관제 훈련 때 처음으로 만났습니다.

아이들 참으로 낭만적이에요!

저베이스 하지만 내가 세상에 나오는 건 한참 뒤의 일입니다.[30] 형제자매가 세 명 있는데 나보다 나이가 훨씬 많거든요. 내가 열한 살인가 열두 살 때 어머니에게 물어본 적이 있어요. "왜 다들 나보다 나이가 저렇게 많은 거죠?" 어머니 대답은 이랬습니다. "왜냐면 넌 실수로 나왔거든."[31]

보니것 우리 모두가 그래요.

이자드 세계 대전이 두 번이나 일어났다면 이제 그분이 세상에 내려와야 할 때죠.[32] 그분이 우리 모두를 만들었다면, 그리고 우리가 이렇게 열심히 기도하고, 5000만 명이 죽어가고, 콧수염을 기른 멍청이가 있다면, 이제는 모습을 보여야죠.

하지만 그러지 않았어요. 내 생각에는 앞으로도 그럴 일이 없을 겁니다. 쓰나미가 일어도, 지진이 나도, 세계 전쟁이 또 벌어져도 그는 나타나지 않을 겁니다.

캐럴 에디가 방금 문제의 핵심을 찔렀어요. 누군가가 인간사를 관장하고 우리를 지켜본다는 것은 실상과는 거리가 멀어 보입니다. 그래서 말인데, 그토록 많은 코미디언들은 어째서 신이 존재하지 않는다고 단정하는 거죠?

아이들 괜한 시간을 낭비하지 않아도 되니까요.[33]

마허 우리는 사람들이 기도를 올리는 인간화된 신들에 대해 말하는 겁니다.[34] 우리의 삶에 개입할 수 있고 사후에 천국과 지옥을 운영한다고 사람들이 생각하는 신 말입니다. 그런 전통적인 종교에 대해 말하고 있어요.

이자드 종교는 그저 이야기들의 집합이에요.[35] 「반지의 제왕」이 그렇듯이 종교도 이야기예요.

마허 맞아요. 우리는 고래 뱃속에서 사흘을 버텼다는 남자의 이야기에 익숙하죠.[36] 우주의 신이 처녀를 잉태시켜서 아이를 갖게 했고, 그 아이는 실은 신이고, 신이 그에게 자살 임무를 맡겨 지구로 보냈고, 그가 다시 살아났다는 이야기도 그렇고요. 기독교가 새로운 종교라면 사이언톨로지만큼이나 정신 나간 종교입니다.

아이들 우리(몬티 파이튼)는 사이언톨로지보다 훨씬 재밌으니까 이제 세금 공제 자격 신청을 해야겠어요. …… 이 참에 종교를 차릴까봐요. 브라이언톨로지라고.[37]

캐럴 생각은 좋은데 왜 굳이 공적으로 나서죠? 종교를 여러분의 활동에 끌어들이는 건 위험하지 않나요? 커트의 책들은 걸핏하면 금서가 되었어요. 「패밀리 가이」는 과격한 항의를 받았고, 「브라이언의 삶」은 여러 곳에서 피켓 시위와 상영 금지 처분을 받았고 말이죠.

아이들 코미디는 진실을 말합니다.[38] 벌거숭이 임금 같은 거죠. 모든 것이 눈에 빤히 보이잖아요. 「브라이언의 삶」은 40년이 지났는데도 사람들이 찾아서 봐요.

마허 사람들은 웃을 때 그것이 사실일 수도 있다는 것을 속으로 알아요.[39]

보니것 내 생각도 같아요.[40] 농담은 그 자체로 하나의 예술이며 늘 감정적 위협을 당할 때 떠오릅니다.[41] 최고의 농담은 위험한데, 위험한 이유는 어떤 식으로든 진실에 닿아 있기 때문입니다.

아이들 진실이야말로 코미디의 핵심이지요.[42] 코미디란 대체로 엉뚱한 순간에 옳은 말을 하는 겁니다.

캐럴 그렇다면 코미디언들은 신에 대해 뭘 알고 있는 거죠?

실버먼 나는 신이 있는지도 모르겠어요.[43] 실은 신이 존재하는 것이 상상이 되지 않아요. 하지만 모릅니다. 여러분도 모르지 않나요? 하지만 설령 신이 있다고 해도 그 신은 살인이 벌어져도, 아이들이 굶어죽어도, 우리가 뭘 해도 아무렇지 않은 신입니다. 삶의 잔혹함과는 무관해요.

이자드 종교를 믿는 사람들은 사후에도 삶이 이어진다고 생각하겠지요.[44] 만약 그렇다면 딱 한 명만이라도 돌아와서 모든 게 사실이라고 우리에게 알려줬으면 좋겠어요. 이제까지 죽은 수십 억 명의 사람들 중에 한 명이라도 구름 사이로 얼굴을 내밀고 "나야, 지니, 여긴 정말 멋져, 근사한 온천도 있다고" 하고 말하는 겁니다.

저베이스 신에 대해 알 수 없으니 코미디언이라고 남들보다 특별히 많이 아는 건 아닐 겁니다.[45] 다만 무신론자는 신에 대해 알 수 없어서 유리한 점이 있다는 것을 간파한 유일한 사람이죠. 무신론자 코미디언은 믿음이나 믿음의 결여를 소재로 삼아 사람들을 웃게 만들 수 있어요. 훌륭한 무신론자 코미디언은 사람들을 웃게 만들 뿐만 아니라 믿음이나 믿음의 결여에 대해 생각하게 만들고 말이죠.

캐럴 그리고 유머는 사람들이 진실에 더 쉽게 다가가도록······.

맥팔레인 과학소설의 전통적인 스토리텔링 방법[46]에 대해서도 같은 말을 할 수 있습니다. 우리 사회에서 사회적, 정치적, 과학적 요소들을 취한 다음 이런 것들에 관한 이야기를 과학소설의 렌즈를 통해 우화적 방식으로 어떻게 전할까 고민하죠.

보니것 셰익스피어는 관객들이 무거운 주제에 물린다 싶을 때면 광대나 어리석은 여관 주인 같은 인물을 등장시켜서 분위기를 살짝 누그러뜨린 다음 진지한 주제로 다시 넘어갔다고 하죠.[47] 다른 행성으로 여행하는 것도 과학소설에서 유치한 설정 같지만 광대를 출연시켜서 분위기를 가볍게 덜어주는 겁니다.
　이것은 우리의 친구 카뮈가 취하는 보다 교훈적인 방식과는 대조를 이루죠. 『시시포스 신화』에서 당신은 핵심적인 질문을 어떻게 표현했죠?

카뮈 참으로 진지하게 사색할 철학적 문제는 오로지 하나, 자살뿐이다.[48]

보니것 그러니 문학이 주는 또 하나의 웃음보따리가 있다고 하겠습니다.[49]

캐럴 에릭에게 질문할 게 생각났는데요. 「삶의 의미」의 주제곡을 왜 프랑스 억양으로 불렀나요?

아이들 그야 와인도 프랑스산이듯 철학도 프랑스산이 더 좋거든요.[50]

캐럴 프랑스에서는 그 영화에 대한 반응이 어땠나요?

아이들 1983년에 (칸 영화제에서) 그랑프리를 받았죠.[51]

캐럴 유머, 과학소설, 만화, 노래. 어쩌면 과학자들은 주장을 드러내는 방법과 관련하여 여러분 모두에게 배울 점이 있겠어요.

마허 카페인 없는 체리 초콜릿 다이어트 콜라가 필요한 문화

에서는 오락을 통해 정보를 전하는 것이 가장 좋습니다.[52]

아이들 과학의 중요한 점은 테스트를 받을 수 있다는 건데요.[53] 코미디도 청중으로부터 테스트를 받죠. 청중들이 웃으면 제대로 된 겁니다.

캐럴 여러분들은 대다수가 과학의 군건한 지지자들이겠죠.

맥팔레인 시민권 운동과 비슷해요.[54] 신념보다 지식이 앞선다는 것을 강하게 표명하는 사람들이 있어야 합니다.

보니컷 나는 과학을 사랑합니다.[55] 휴머니스트들은 다 그렇죠. 언젠가 아이작 아시모프의 추도식에서 제가 어느 순간 "아이작은 이제 저 하늘 위에 있습니다" 하고 말했습니다.[56] 휴머니스트들 앞에서 그보다 더 웃긴 말은 없을 겁니다. 다들 통로에서 데굴데굴 굴렀어요. 몇 분이 지나서야 장내가 겨우 정리되었습니다.

저베이스 과학은 진리를 추구하죠.[57] 그리고 차별하지 않습니다. 좋은 쪽이든 나쁜 쪽이든 뭔가를 알아냅니다. …… 새로운 사실이 드러날 때 감정이 상하는 일은 없어요. 전통이라는 이유로 중세의 관습에 연연하지도 않고요. 그랬다면 여러분은 페니실린을 맞지 못했겠죠. 거머리를 바지 속에 넣고 기도나 했을 겁니다.

캐럴 아무도 더 이상 기도하지 않고 사후의 삶도 없다면 우리는 무엇을 기준으로 삼고 살아야 할까요?

이자드 웬만큼 규모가 되는 모든 종교에는 황금률이라고 하는 규칙이 있어요.[58] 핵심만 말하자면 자신이 대접받고 싶은 대로 다른 사람들을 대하라는 겁니다. 우리 모두가 이렇게 한다면 세상은 즉시 잘 돌아갑니다. 기도도 좋고 명상도 좋지만 황금률만 지켜도 세상은 아무 문제가 없어요. 세상을 돌아가게 하는 방법은 그렇게 쉬울 수도 있습니다.

저베이스 "남들에게 받고자 하는 그대로 베풀라"[59]는 경험에서 우러나온 좋은 본보기입니다. 용서는 아마 가장 위대한 미덕일 겁니다. 하지만 미덕의 본질이 정확히 그거예요. 기독교적 미덕만이 아니라. 누구도 선함을 소유하지는 않으니까요.

마허 황금률에 반대하는 윤리학자는 물론 없지만, 우리는 어째서 이것이 옛 신화와 미신들에 포함되어야 했는지 모릅니다.[60] 황금률은 그 자체로 환상적이에요. 여호와가 모세에게 내린 계명으로 전수될 필요가 없었어요.

저베이스 바로 그 지점에서 종교가 길을 잃은 겁니다.[61] 종교적 가르침이 사람들을 때리는 막대기가 되고 말았으니까요. 이렇게 해라, 그렇지 않으면 지옥 불에 떨어질 것이다.

여러분은 지옥 불에 떨어지지 않아요. 그래도 친절한 사람이 되어야죠.

캐럴 그렇다면 의미 있고 행복한 삶을 살려면 시간을 어떻게 보내야 할까요?

보니것 우리가 여기 지구에 있는 이유는 빈둥거리기 위함이에요.[62] 다른 사람이 뭐라 해도 신경 쓸 것 없어요.

카뮈 그럴 수도 있겠죠. 하지만 우리가 행하는 모든 것 가운데 창조야말로 가장 중요한 행위예요.[63] 창조는 행복을 얻는 열쇠이자 미래 세대에 주는 선물입니다.

저베이스 그렇지요! 그러니 여러분은 세상에 없었던 것을 세상에 가져와야 해요![64] 그게 뭔지는 중요하지 않아요. 식탁이든 영화든 정원 가꾸기든 상관없어요. 모든 사람이 창조해야 합니다. 뭔가를 하고 나서 편히 앉아서 "내가 저걸 했지!" 하고 말하는 겁니다.

모노 우리는 사물도 창조하고 아이디어도 창조해야 합니다.[65] 과학의 역할에 대해 사람들이 기본적으로 오해하고 있어요. 과학은 뭔가 새로운 기술을 만들어내는 것이 목표라고 생각하는데 기술과 응용은 과학의 부산물입니다. 과학의 가장 중요한 성과는 우리가 스스로를 바라보는 방식을 바꾸고 우리 존재의 의미를 다시 생각하게 만든다는 것입니다.

저베이스 다시 우리 문제로 돌아왔군요.[66] 우리는 왜 여기 있을까요? 글쎄요, 어쩌다 보니 여기 있게 된 거죠. 우리가 선택한 일이 아닙니다. 우리는 특별하지 않아요, 운이 좋았을 뿐. 삶은 휴일이나 마찬가지입니다. 우리는 지난 145억 동안 존재하지도 않았어요. 그리고 운이 좋아서 80년, 90년을 살면 다시는 존재할 일이 없어요. 그러니 삶을 최대한 즐기세요.

캐럴 삶을 최대한 즐기는 방법에 대해서는 이 정도면 충분히 말했다고 생각합니다. 진실을 말하세요, 다른 사람을 친절하게 대하세요, 창조하세요, 그리고 제발 웃으세요. 조언 감사합니다. 그리고 여러분이 세상에 선사한 창조에 대해서도 감사드려요.

감사의 말

세상을 떠난 위대한 싱어송라이터 톰 페티는 "패배자들도 가끔 운이 좋을 때가 있다"고 노래했다. 나도 가끔 내가 얼마나 운이 좋은지 믿기지 않을 때가 있다. 감사해야 할 사람이 많다.

모든 행운은 가족에서 시작했다. 내게 괜찮은 염색체 집합과 항상 격려를 아끼지 않는 멋진 세 형제자매 짐, 낸, 피트를 주신 나의 부모님. 이제는 다 자라서 책의 초고를 읽고 상당한 도움을 준 멋진 네 아들 윌, 패트릭, 크리스, 조시. 그리고 아내 제이미. 페티라면 내가 당신을 만났을 때 행운아였다고 말할 거요.

메건 맥글론 박사에게 감사드린다. 우리의 다섯 번째 책인 이 책을 함께 작업하게 되어 크나큰 행운이었다. 책의 내용에 대해 의견을 주고, 참고문헌과 주를 정리하고, 그림 자료를 모으고 허락을 받고, 원고를 정리하고, 무엇보다 프로젝트 내내 유머를 잃지 않았다. 그리고 박사학위 받은 것 축하해요!

창조력과 취향을 발휘하여 책에 수록된 도표 그림을 그려준 케이트 볼드윈, 그리고 각 장을 시작하는 그림과 책 표지를 맡아준 나탈리아 발노바에게 감사드린다.

특별히 감사를 표할 사람이 있다. 귀한 시간을 내서 후기를 위한 내 질문들에 답해준 에릭 아이들과 우리를 연결해준 앨러너 고스포드네치, 에디 이자드와 연락을 맡아준 에이전트 맥스 부르고스, 세스 맥팔레인과 연락을 맡아준 조이 페힐리, 아버지를 대신해서 힘써준 나네트 보니것, 그리고 세라 실버먼, 빌 마허, 리키 저베이스의 위트와 지혜에도 감사의 마음을 전한다. 자신들 말이 이 책에 들어간 것을 보고 마음에 들어했으면 좋겠다.

원고를 꼼꼼하게 검토하고 상세한 피드백을 해준 내 동료들 에릭 하그, 안토니스 로카스, 데이비드 엘리스코, 로라 보네타, 그리고 사려 깊고 건설적인 의견을 준 익명의 두 리뷰어에게 감사드린다. 아울러 나를 인류 고생물학으로 이끌어준 케이틀린 슈레인 박사, DNA 염기서열에서 일어나는 '양자 심실세동'과 관련한 자신의 발견에 대해 나의 질문에 성실히 답해준 하심 알-하시미 박사에게 감사드린다.

프린스턴 대학 출판사의 담당 편집자 앨리슨 칼렛은 기획 단계이던 이 책을 받아주었고 책을 더 좋게 만들기 위해 여러 방향으로 애써주었다. 에이전트 러스 갤런은 이 프로젝트에 열정을 보여주고 15년간 아주 현명한 조언을 해주었다.

마지막으로 자크 모노(1910~1976)에게 감사드린다. 비록 만

홍해에서 물놀이를 즐기고 있는 자크 모노

나볼 기회는 없었지만 40년도 더 전에 『우연과 필연』을 처음 읽은 이래로 그는 나의 길잡이별이었다. 과학자들은 말할 것도 없고, 그보다 더 명료한 목적의식을 갖고 그보다 더 풍성한 삶을 산 사람을 나는 알지 못한다.

주

1 Vonnegut (1998), p. xi.

들어가는 말: 우연의 난감함

1 "Tiger Woods' First Ace in 1996." *PGA TOUR*. Video. www.pgatour.com/video/2014/01/21/tiger_s-first-ace.html

2 Gallo, DJ. "Kim Jong-Il Was a Dictator Who Went To Great Links." *ESPN*. 19 Dec 2011. www.espn.com/espn/page2/index/_/id/7369649; Girard, Daniel. "Kim Jong-Il Once Carded 38-under Par at Pyongyang Golf Course." *The Star*. 19 Dec 2011. Toronto Star Newspapers Ltd. www.thestar.com/sports/golf/2011/12/19/kim_jongil_once_carded_38under_par_at_pyongyang_golf_course.html.

3 Read more about the real story here—Sens, Josh. "Behind Kim Jong Il's Famous Round of Golf." *GOLF.com*. 1 June 2016. EB Golf Media LLC. www.golf.com/golf--plus/behind-kim-jong-ils-famous-round-golf

4 "Hole In One Odds: Golf 's Rare Feat." *US Hole In One*. 22 July 2008. www.holeinoneinsurance.com/news/2008/07/hole-in-one-odds-golfs-rare-feat.html

5 "Pyongyang Golf Course Scorecard & Course Layout." *Asian Senior Masters*. 1 Oct 2005. Asian Seniors Tour. www.asianseniormasters.com/newsdetails1.asp?NewsID=1076

6 "Kim Jong Il: 10 Weird Facts, Propaganda." *CBS News*. 19 Dec 2011.

CBS Interactive. www.cbsnews.com/media/kim-jong-il-10-weird-facts-propaganda/5/

7   Prince, Todd. "Number of Young, First-Time Visitors to Las Vegas on the Rise." *Las Vegas Review-Journal.* 5 Apr 2017. www.reviewjournal.com/business/tourism/number-of-young-first-time-visitors-to-las-vegas-on-the-rise/

8   Katsilometes, John. "Reports: Britney Spears to Make $500K Per Show in Las Vegas." 2 July 2018. *Las Vegas Review-Journal.* www.reviewjournal.com/entertainment/entertainment-columns/kats/ reports-britney-spears-to-make-500k-per-show-in-las-vegas/

9   Huff and Geis (1959), p. 28–29.

10 Arie, Sophie. "No 53 Puts Italy Out of its Lottery Agony." *The Guardian.* 10 Feb 2005. Guardian News and Media Limited. www.theguardian.com/world/2005/feb/11/italy.sophiearie.

11 Grech (2002). 아들만 계속 가진 부모는 다음에도 아들을 낳을 확률이 살짝 더 높다는 증거도 있다: Rodgers and Daughty (2001).

12 Croson and Sundali (2005); Clark et al. (2009).

13 Bleier, Evan. "California Man Wins $650K in Lottery Day After Wife Dies from Heart Attack." *United Press International.* 31 March 2014. www.upi.com/Odd_News/2014/03/31/California-man-wins-650K-in-lottery-day-after-wife-dies-from-heart-attack/4731396267665/

14 "Winner Stories: Timothy McDaniel." *calottery.* California State Lottery. www.calottery.com/win/winner%20stories/timothy-mcdaniel

15 Carroll (2013), p. 332.

16 J. Monod, interview with Gerald Leach in Paris, January 3, 1967, broadcast on the BBC February 1, 1967, transcript MON. Bio 09, Fonds Monod, SAIP, p. 11.

17 Monod (1971), p. xii.

18 Monod (1971), p. 112.

19 Monod (1971), p. 112–113.

20 Monod (1969).

21 Peacocke (1993), p. 117.

22 Schoffeniels (1976).

23 Lewis (1974).

24 Ward (1996).

25 Sproul (1994), p. 3.

26 Sproul (1994), p. 214.

27 Pew Research Center. "When Americans Say They Believe in God, What

Do They Mean?" *Pew Research Center*. 25 Apr 2018. www.pewforum.
org/2018/04/25/when-americans-say-they-believe-in-god-what-do-they-
mean/

1장 모든 우연의 어머니

1 Cuppy (1941), p. 104.
2 McLaughlin, Katie. "MacFarlane: Angry Jon Stewart Call An 'Odd Hollywood
   Moment.'" *Piers Morgan Tonight*. 6 Oct 2011. Video. CNN Entertainment.
   www.cnn.com/2011/SHOWBIZ/10/05/seth.macfarlane.pmt/index.htm.
3 Weidinger, Patrick. "10 Famous People Who Avoided Death on 9/11." *Listverse*.
   12 Dec 2011. listverse.com/2011/12/12/10-famous-people-who-avoided-
   death-on-911/
4 McLaughlin, Katie. "MacFarlane: Angry Jon Stewart Call An 'Odd Hollywood
   Moment.' " *Piers Morgan Tonight*. 6 Oct 2011. Video. CNN Entertainment.
   www.cnn.com/2011/SHOWBIZ/10/05/seth.macfarlane.pmt/index.htm.
5 Alvarez (1997).
6 Alavarez et al. (1980); Smit and Hertogen (1980).
7 Alavarez et al. (1980).
8 Smit (1999).
9 Hildebrand (1991).
10 Schulte et al. (2010).
11 Robertson et al. (2013).
12 Artemieva et al. (2017); Brugger et al. (2017); Gulick et al. (2019).
13 Henehan et al. (2019).
14 Robertson et al. (2013).
15 Vajda and Bercovici (2014).
16 Field et al. (2018).
17 Rehan et al. (2013).
18 Gallala et al. (2009).
19 Robertson et al. (2004).
20 Longrich et al. (2016).
21 Field et al. (2018).
22 Jarvis et al. (2014).
23 Feng et al. (2017).
24 O'Leary et al. (2013).
25 Longrich et al. (2016).

26 Lyson et al. (2019).

27 Mazrouei et al. (2019).

28 Schulte et al. (2010).

29 Kaiho and Oshima (2017).

2장 성질 고약한 짐승

1 Casey, Mike. "Joe Grim: How to Take It and Then Some." *Boxing.com*. 3 Sept 2013. www.boxing.com/joe_grim_how_to_take_it_and_then_some.html

2 "Grim Stays the Limit with Fitz." *St. John Daily Sun*. 24 Oct 1903. Accessed at: news.google.com/newspapers?nid=37&dat=19031024&id=HwAIAAAAIBAJ& sjid=9zUDAAAAIBAJ&pg=2275, 1041090

3 "Grim Stays the Limit with Fitz." *St. John Daily Sun*. 24 Oct 1903. Accessed at: news.google.com/newspapers?nid=37&dat=19031024&id=HwAIAAAAIBAJ& sjid=9zUDAAAAIBAJ&pg=2275,1041090

4 "Joe Grim Issues Defi to Jeffries." *Deseret News*. 2 Nov 1903. Accessed at: news.google.com/newspapers?nid=Aul-kAQHnToC&dat=19031102&printsec= frontpage&hl=en

5 "Grim Stays the Limit with Fitz." *St. John Daily Sun*. 24 Oct 1903. Accessed at: news.google.com/newspapers?nid=37&dat=19031024&id=HwAIAAAAIBAJ &sjid=9zUDAAAAIBAJ&pg=2275,1041090; Casey, Mike. "Joe Grim: How to Take It and Then Some." *Boxing.com*. 3 Sept 2013.

6 Ehrmann, Pete. "'Iron Man' Joe Grim Found Fame with a Thick Skull." *OnMilwaukee.com*. 7 Jan 2013. onmilwaukee.com /sports/articles/joegrim. html.

7 Ehrmann, Pete. "'Iron Man' Joe Grim Found Fame with a Thick Skull." *OnMilwaukee.com*. 7 Jan 2013. onmilwaukee.com/ history/articles/joegrim. html.

8 Lyson et al. (2019).

9 Blois and Hadly (2009).

10 Pimiento et al. (2017).

11 Koch and Barnosky (2006).

12 Kennett and Stott (1991).

13 see Figure 1; McInerney and Wing (2011).

14 Hren et al. (2013).

15 Filippelli and Flores (2009).

16 Alley (2000).

17   Mazrouei et al. (2019).

18   Hughes (2003).

19   Goff et al. (2012).

20   Schaller et al. (2016); Schaller and Fung (2018).

21   Scotese, Christopher R. *PALEOMAP Project*. www.scotese.com

22   Anagnostou et al. (2016).

23   Hansen and Sato (2012); Wing et al. (2005).

24   Carter et al. (2017).

25   Lacis et al. (2010).

26   Anagnostou et al. (2016).

27   Bouilhol et al. (2013).

28   Broecker (2015).

29   Kumar et al. (2007).

30   Kumar et al. (2007).

31   Martínez-Botí et al. (2015).

32   Barker et al. (2011); Snyder (2016).

33   Weart (2003); Greenland Ice-Core Project (GRIP) Members (1993); Alley et al. (1993); Mayewski et al. (1993).

34   Alley (2000); Fiedel (2011).

35   Ditlevsen et al. (2007); Lohmann and Ditlevsen (2018).

36   Broecker (1995).

37   Tierney et al. (2017).

38   Leakey (1974), p. 159 – 160.

39   Potts et al. (2018); Behrensmeyer et al. (2018).

40   "Olorgesailie, Kenya." *East African Research Projects: Human Evolution Research*. Smithsonian Institution. humanorigins.si.edu/research/olorgesailie-kenya

41   Potts et al. (2018).

42   Brooks et al. (2018).

43   Potts (2013); Gowlett (2016).

44   deMenocal (1995); Potts (2013); Maslin et al. (2014).

3장 맙소사, 대체 어떤 동물이 그것을 빨아먹겠나?

1   "1789 U.S. Book of Common Prayer." *Online Anglican Resources at Justus. anglican.org*. justus.anglican.org/resources/bcp/1789/Prayer_at_Sea_1789.htm.

2   "Royal Navy Loss List Searchable Database." *Maritime Archaeology Sea Trust*.

4 Feb 2018. www.thisismast.org/research/royal-navy-loss-list-search.html.

3 King (1839), p. 179.

4 Letter, Francis Beaufort to Robert FitzRoy, September 1, 1831, Darwin Correspondence Project, "Letter no. 113," accessed on 25 March 2019, www.darwinproject.ac.uk/DCP-LETT-113.

5 Darwin (2001), p. 132.

6 Letter, Charles Darwin to Emily Catherine Langton, November 8, 1834, Darwin Correspondence Project, "Letter no. 262," accessed on 25 March 2019, www.darwinproject.ac.uk/DCP-LETT-262.

7 King (1839), p. 23.

8 Desmond and Moore (1991), p. 129.

9 Darwin (2001), p. 402.

10 Letter, John Herschel to Charles Lyell, February 20, 1836, quoted in W. H. Cannon (1961).

11 Darwin (2001), p. 427.

12 Barlow (1963), p. 262.

13 Sulloway (1982), p. 192, p. 359.

14 Darwin (1845), p. 394.

15 Darwin (1887), p. 83.

16 Van Whye (2007).

17 Letter, Charles Darwin to Joseph Dalton Hooker, January 11, 1844, Darwin Correspondence Project, "Letter no. 729," accessed on 3 April 2019, www.darwinproject.ac.uk/DCP-LETT-729.

18 Letter, Charles Darwin to William Darwin Fox, March 19, 1855, Darwin Correspondence Project, "Letter no. 1651," accessed on 3 April 2019, www.darwinproject.ac.uk/DCP-LETT-1651.

19 Secord (1981), p. 166.

20 Letter, Charles Darwin to Charles Lyell, November 4, 1855, Darwin Correspondence Project, "Letter no. 1772," accessed on 3 April 2019, www.darwinproject.ac.uk/DCP-LETT-1772.

21 Secord (1981), p. 174.

22 Darwin (1859), p. 25-26.

23 Darwin (1887), p. 87.

24 Darwin (1859), p. 29.

25 Letter, Charles Darwin to Asa Gray, May 22, 1860, Darwin Correspondence Project, "Letter no. 2814," accessed on 30 April 2019, www.darwinproject.ac.uk/DCP-LETT-2814.

26 Darwin (1868), p. 248.

27 Darwin (1862), p. 349.

28 Letter, Charles Darwin to Joseph Dalton Hooker, January 25, 1862, Darwin Correspondence Project, "Letter no. 3411," accessed on 30 April 2019, www. darwinproject.ac.uk/DCP -LETT-3411.

29 Arditti et al. (2012).

30 Letter, Charles Darwin to Joseph Dalton Hooker, January 30, 1862, Darwin Correspondence Project, "Letter no. 3421," accessed on 30 April 2019, www. darwinproject.ac.uk/DCP-LETT-3421.

31 Darwin (1862), p. 188.

32 Darwin (1862), p. 202 - 203; Arditti et al. (2012), p. 425 - 427.

33 Arditti et al. (2012).

34 Alexandersson and Johnson (2002).

35 cited in Muchhala and Thomson (2009).

36 Muchhala (2006).

37 Darwin (1859), p. 131, p. 198.

38 다윈이 변이의 속성에 대해 언급한 것을 포괄적으로 논의하고 있는 자료로는 C. Johnson(2015)과 J. Beatty(2006)를 보라.

39 Darwin (1859), p. 41.

40 Darwin (1859), p. 177.

41 Darwin (1859), p. 94.

42 Darwin (1859), p. 242.

43 Letter, Charles Darwin to Frances Julia (Snow) Wedgwood, July 11, 1861, Darwin Correspondence Project, "Letter no. 3206," accessed on 7 April 2019, www.darwinproject.ac.uk/DCP-LETT-3206.

4장 무작위

1 "The Queen's Visit to the Britannia Tubular Bridge." *The Victorian Web*. 7 Oct 2017. www.victorianweb.org/history/victoria/16.html

2 Rabbe, Will. "The Washington Post's Famous 1915 Typo." *MSNBC*. 6 Aug 2013. www.msnbc.com/hardball/the-washington-posts-famous-1915-typo

3 Brown, DeNeen L. "The Bible Museum's 'Wicked Bible': Thou Shalt Commit Adultery." *Washington Post*. 18 Nov 2017. www. washingtonpost.com/news/ retropolis/wp/2017/11/17/the-new-bible-museums-wicked-bible-thou-shalt-commit-adultery/?utm_term=. f1e9f851f41f: 이 경우에 두 철자 오류는 무작위로 일어난 실수라기보다는 어쩌면 경쟁 관계에 있는 인쇄업자가 고의적으로 방해한 것이었을 수도 있다.

4   Wain et al. (2007).

5   Lederberg and Lederberg (1952).

6   Watson and Crick (1953a).

7   Carroll (2013), p. 332.

8   Blattner et al. (1997).

9   "Average Typing Speed Infographic." *Ratatype*. www.ratatype.com/learn/average-typing-speed/

10   Fijalkowska et al. (2012).

11   Roach et al. (2010); Conrad et al. (2011).

12   Wang et al. (2012).

13   see for example Zhu et al. (2014). 가능한 모든 염기 치환이 고르게 일어나지는 않는다. 크기와 모양이 같은 염기끼리(가령 A가 G로, C가 T로) 바뀌는 것이 다른 크기의 염기끼리(가령 A가 C로, G가 T로) 바뀌는 것보다 더 자주 일어난다.

14   Watson and Crick (1953b), p. 966.

15   Watson and Crick (1953c). 모노는 이런 가능성을 인식하고 있었지만(Monod, 1971, p.192) 이를 뒷받침하는 경험적 증거가 없었다.

16   Bebenek et al. (2011); Wang et al. (2011); Kimsey et al. (2015); Kimsey et al. (2018).

5장 아름다운 실수들

1   Twain (1935), p. 374.

2   "Tennessee Evolution Statutes." Chapter 27, House Bill No. 185 (1925); Chapter 237, House Bill No. 48 (1967). *Famous Trials in American History: Tennessee vs. John Scopes The "Monkey Trial."* law2. umkc.edu/faculty/Projects/FTrials/scopes/TENNSTAT.HTM.

3   Rossiianov (2002).

4   Rossiianov (2002), p. 286.

5   "Soviet Backs Plan to Test Evolution." *New York Times*. 17 June 1926.

6   Rossiianov (2002), p. 302.

7   Etkind (2008).

8   Nei (2013).

9   Darwin (1859), p. 109.

10   Monod (1971), p. 112.

11   Shapiro et al. (2013).

12   Shapiro et al. (2013).

13   Vikrey et al. (2015).

14 Campbell et al. (2010).

15 Hawkes et al. (2011).

16 Jessen et al. (1991).

17 Storz (2016).

18 see Zhu et al. (2018).

19 Baardsnes and Davies (2001).

20 Deng et al. (2010).

21 가능한 모든 새로운 돌연변이의 약 23퍼센트는 아미노산 암호를 바꾸지 않는다. 내가 그보다 더 높은 4분의 3이라고 말한 까닭은 개체군에서 사라지지 않고 축적된 돌연변이도 있고 그 대부분이 단백질 서열을 바꾸지 않기 때문이다.

22 Nei (2013).

23 Huang et al. (2019).

24 Varki and Altheide (2005).

25 Hedges et al. (2015); Marin et al. (2018).

26 Hedges et al. (2015).

27 Wain et al. (2007).

28 Wain et al. (2007).

29 Sharp and Hahn (2011).

30 Song et al. (2005).

31 Mohd, Tawfiq, and Memish (2016).

32 Babkin and Babkina (2015).

33 Furuse, Suzuki, and Oshitani (2010).

34 Andersen et al. (2020); Zhang et al. (2020).

6장 모든 어머니의 우연

1 Tribell, William S. "Last Film Footage of Pastor Jamie Coots." 23 Mar 2014. Video. www.youtube.com/watch?v=5f4NyYqHXa8

2 Wilking, Spencer and Lauren Effron. "Snake Handling Pentecostal Pastor Dies From Snake Bite." *ABCNews*. 17 Feb 2014. abcnews.go.com/US/snake-handling-pentecostal-pastor-dies-snake-bite/story?id=22551754

3 Chang, Juju and Spencer Wilking. "Pentecostal Pastors Argue 'Snake Handling' Is Their Religious Right." *ABCNews*. 21 Nov 2013. abcnews.go.com/US/pentecostal-pastors-argue-snake-handling-religious/story?id=20971576

4 Chang, Juju and Spencer Wilking. "Pentecostal Pastors Argue 'Snake Handling' Is Their Religious Right." *ABCNews*. 21 Nov. 2013 abcnews.go.com/US/pentecostal-pastors-argue-snake-handling-religious/story?id=20971576.

5   Wilking, Spencer and Lauren Effron. "Snake Handling Pentecostal Pastor Dies From Snake Bite." *ABCNews.* 17 Feb 2014. abcnews.go.com/US/snake-handling-pentecostal-pastor-dies-snake-bite/story?id=22551754

6   Duin, Julia. "Serpent-Handling Pastor Profiled Earlier in Washington Post Dies from Rattlesnake Bite." *Washington Post.* 29 May 2012. www.washingtonpost. com/lifestyle/style/serpent-handling-pastor-profiled-earlier-in-washington-post-dies-from-rattlesnake-bite/2012/05/29/gJQAJef5zU_story.html?utm_term=.a321063ededb; "Kentucky Man Dies from Snake Bite at Church Service." *CBS News.* 28 July 2015. cbsnews.com/news/kentucky-man-dies-from-snake-bite-at-church-service/

7   Pauly, Greg. "Misplaced Fears: Rattlesnakes Are Not as Dangerous as Ladders, Trees, Dogs, or Large TVs." *Natural History Museum of Los Angeles County.* nhm.org/stories/misplaced-fears-rattlesnakes-are-not-dangerous-ladders-trees-dogs-or-large-tvs

8   "Facts + Statistics: Mortality Risk." *Insurance Information Institute.* www.iii. org/fact-statistic/facts-statistics-mortality-risk

9   Walter et al. (1998).

10 Jónsson et al. (2017).

11 Iossifov et al. (2014).

12 Sandin et al. (2016).

13 Hardy and Hardy (2015).

14 Green, Jesse. "The Man Who Was Immune to AIDS." 5 June 2014. *New York Magazine.* nymag.com/health/bestdoctors/2014/steve-crohn-aids-2014-6/

15 "Thirty Years of HIV/AIDS: Snapshots of an Epidemic." *amfAR: The Foundation for AIDS Research.* amfar.org/thirty-years-of-hiv/aids-snapshots-of-an-epidemic/

16 Green, Jesse. "The Man Who Was Immune to AIDS." 5 June 2014. *New York Magazine.* nymag.com/health/bestdoctors/2014/steve-crohn-aids-2014-6/

17 Pincock (2013).

18 Liu et al. (1996).

19 Van Der Ryst (2015).

20 Brown (2015).

21 Solloch et al. (2017).

22 Hummel et al. (2005).

23 Glanville et al. (2009).

24 Roberts, Joe. "Pastor almost killed by snake during sermon vows to keep handling snakes." *MetroUK.* 24 Aug 2018. metro. co.uk/2018/08/24/pastor-almost-killed-by-snake-during-sermon-vows-to-keep-handling-

snakes-7878534/; Barcroft TV. "Pastor Fights For Life After Deadly Rattlesnake's Bite ㅣ MY LIFE INSIDE: THE SNAKE CHURCH." 23 Aug 2018. Video. www.youtube.com/watch?v=7ewdisyzk4k
25 쿠츠가 해독제를 투여 받은 사실은 2019년 8월 2일, 제작자 토머스 미들레인과 의 이메일을 통해 확인했다.

7장 불행한 사건들의 연속

1 Burchard, Hank. "Lightning Strikes 4 Times." 2 May 1972. *The Ledger*. Vol 65, No 200. Lakeland, Florida. Page 3D.
2 "Lightning Facts and Statistics." *Weather Imagery*. 18 Feb 2007. www.weatherimagery.com/blog/lightning-facts/
3 Burchard, Hank. "Lightning Strikes 4 Times." 2 May 1972. *The Ledger*. Vol 65, No 200. Lakeland, Florida. Page 3D.
4 "Most Lighting Strikes Survived." *Guinness World Records*. www.guinnessworldrecords.com/world-records/most-lightning-strikes-survived
5 Dunkel, Tom. "Lightning Strikes: A Man Hit Seven Times." *The Washington Post*. 15 Aug 2013. www. washingtonpost.com/lifestyle/magazine/inside-the-life-of-the-man-known-as-the-spark-ranger/2013/08/15/947cf2d8-ea40-11e2-8f22-de4bd2a2bd39_story.html
6 Dunkel, Tom. "Lightning Strikes: A Man Hit Seven Times." *The Washington Post*. 15 Aug 2013. www.washingtonpost.com/ lifestyle/magazine/inside-the-life-of-the-man-known-as-the-spark-ranger/2013/08/15/947cf2d8-ea40-11e2-8f22-de4bd2a2bd39_story. html
7 Nordling (1953).
8 "Cancer Statistics." *National Cancer Institute*. National Institutes of Health. www.cancer.gov/about-cancer/understanding/statistics
9 Nordling (1953); Armitage and Doll (1954).
10 Nowell (1976).
11 Vogelstein et al. (2013).
12 Vogelstein et al. (2013).
13 Govindan et al. (2012).
14 DeMarini (2004).
15 Martincorena et al. (2015).
16 나는 여기서도 무작위라는 말을 넓은 의미로 사용한다. 어떤 부류의 돌연변이는 다른 돌연변이보다 더 자주 일어난다(4장을 보라).
17 Vogelstein et al. (2013).

18 Samet et al. (2009).

19 Vonnegut (1950), p. xv.

20 Green et al. (2011); Watts et al. (2018).

21 "Vonnegut. Agnes Scott College Commencement Address." 15 May 1999.
    C-SPAN. Transcript. www.c-span.org/video/?123554-1/agnes-scott-college-
    commencement-address; Vonnegut (1999), p. 12.

22 "Targeted Cancer Therapies." *National Cancer Institute*. National Institutes of
    Health. www.cancer.gov/about-cancer/treatment/types/targeted-therapies/
    targeted-therapies-fact-sheet.

후기 : 우연에 관한 대화

1 Vonnegut, *Cat's Cradle*, (2010), p. 182.

2 Vonnegut, *Slapstick*, (2010), p. 12-13.

3 Maggie Bartel and Henry Lee. "New Jersey Train Plunges off a Bridge into
   Newark Bay Killing More than 40 in 1958." *Daily News*. 16 Sept 1958. *New
   York Daily News*. 15 Sept 2015. www.nydailynews.com/news/national/tragic-
   train-accident-new-jersey-1958-article-1.2360153

4 Vonnegut, *Slapstick*, (2010), p. 14.

5 Jungersen (2013), p. 266.

6 Vonnegut, *Sirens*, (2009), p. 1.

7 Vonnegut, *Sirens*, (2009), p. 183.

8 Vonnegut, *Sirens*, (2009), p. 232.

우연에 관한 대화

이탤릭체로 표시한 것은 실제 인용문, 이탤릭체에 밑줄까지 친 것은 내가 작가와
직접 연락해서 얻은 인용문, 그 외의 문장은 내가 만들어 넣은 것이다.

9 *Not especially:* Rabin, Nathan. "Seth MacFarlane." *AV Club*. 26 Jan 2005. *The
   Onion*. tv.avclub.com/seth-macfarlane-1798208419.

10 *I am insanely lucky:* Sarah Silverman. "Hi. This is me telling everyone in
    my life..." 6 July 2016. www.f acebook.com/ SarahSilverman/posts/hi-this-
    is-me-telling-everyone-in-my-life-at-once-why-i-havent-been-around-
    this-/1160269914023100/

11 *I didn't know going in:* Murfett, Andrew. "After a Near Death Experience,
    Comedy Alleviates Sarah Silverman's PTSD Pain." *The Sydney Morning
    Herald*. 25 May 2017. www.smh.com.au/entertainment/tv-and-radio/after-a-

neardeath-experience-comedy-alleviates-sarah-silvermans-pain-20170525-gwd4c0.html

12 ***Don't even know why:*** Sarah Silverman. "Hi. This is me telling everyone in my life..." 6 July 2016. www.facebook.com/Sarah Silverman/posts/hi-this-is-me-telling-everyone-in-my-life-at-once-why-i-havent-been-around-this-/1160269914023100/

13 ***He looks down my throat:*** Silverman, Sarah, writer, performer. *A Speck of Dust*. Directed by Liam Lynch. Netflix Studios, Eleven Eleven O'Clock Productions, Jash Network, 2017.

14 ***When I woke up 5 days later:*** Sarah Silverman. "Hi. This is me telling everyone in my life..." 6 July 2016. www.facebook.com/SarahSilverman/posts/hi-this-is-me-telling-everyone-in-my-life-at-once-why-i-havent-been-around-this-/1160269914023100/

15 ***I spent the first two days home:*** Sarah Silverman. "Hi. This is me telling everyone in my life..." 6 July 2016. www.facebook.com/SarahSilverman/posts/hi-this-is-me-telling-everyone-in-my-life-at-once-why-i-havent-been-around-this-/1160269914023100/

16 ***All of this has maybe made me:*** Murfett, Andrew. "After a Near-Death Experience, Comedy Alleviates Sarah Silverman's PTSD Pain." *The Sydney Morning Herald*. 25 May 2017. www.smh.com.au/ entertainment/tv-and-radio/after-a-neardeath-experience-comedy-alleviates-sarah-silvermans-pain-20170525-gwd4c0.html

17 **I, too, am grateful:** Based on Carroll (2013), p. 36-37.

18 **Well, yes. It was quite dangerous.**

19 **I did not get caught:** Based on Carroll (2013), p. 220.

20 **The Gestapo was everywhere:** Based on interview with Olivier Monod, Paris, August 17, 2010; Carroll (2013), p. 208-209.

21 **I got caught.**

22 ***We were in this gully:*** Hayman et al. (1977).

23 **So we did.**

24 ***They said the war was all over:*** Hayman et al. (1977).

25 **Yes and no. Six weeks later...**

26 ***We never expected to get it:*** Hayman et al. (1977).

27 **Twenty-five years later I wrote *Slaughterhouse - Five*.**

28 **He served in the Royal Air Force:** Based on Idle (2018), p. 4.

29 **So sorry, mates:** Based on Adams, Tim. "Second Coming." *The Guardian*. 10 July 2005. www.theguardian.com/theobserver/2005/jul/10/comedy.television

30 **But it was a long time...**

31 *I remember saying to my mum:* Gordon, Bryony. "Ricky Gervais: Don't Ask Me the Price of Milk—I Fly by Private Jet." *The Telegraph*. 26 Aug 2011. www.telegraph.co.uk/culture/comedy/8722858/Ricky-Gervais-Dont-ask-me-the-price-of-milk-I-fly-by-private-jet.html.

32 *World War II is it:* "Eddie Izzard Explains Why He Doesn't Believe in Religion." *Skaylan*. 24 Nov 2018. *YouTube*. www.youtube.com/watch?v=emcb_HqBLrU

33 *It saves time:* Eric Idle. Email reply to author, 8/21/19.

34 *We are talking about humanistic gods:* Gettelman, Elizabeth. "The MoJo Interview: Bill Maher." *Mother Jones*. September/October 2008. www.motherjones.com/media/2008/09/mojo-interview-bill-maher/

35 *Religion is just full of stories:* Yaqhubi, Zohra D. "Izzard Accepts Humanist Award." *The Harvard Crimson*. 21 Feb 2013. www.thecrimson.com/article/2013/2/21/izzard-accepts-humanist-award/

36 *We are used to the story:* Gettelman, Elizabeth. "The MoJo Interview: Bill Maher." *Mother Jones*. September/October 2008.

37 *I think we [Monty Python] should now apply:* Silman, Anna. "Monty Python Reunites at Tribeca: "We are Funnier than Scientology... We Could be a Religion." *Salon*. 25 April 2015. www.salon.com/2015/04/24/monty_python_reunites_at_tribeca_we_are_funnier_than_scientology_we_could_be_a_religion

38 *Comedy is telling the truth:* Eric Idle. Email reply to author, 8/21/19.

39 *When people laugh:* Gettelman, Elizabeth. "The MoJo Interview: Bill Maher." *Mother Jones*. September/October 2008.

40 **I agree.**

41 *The telling of jokes:* Rentilly, J. "The Best Jokes Are Dangerous, An Interview with Kurt Vonnegut, Part Three." *McSweeney's*. 16 Sept 2002. www.mcsweeneys.net/articles/the-best-jokes-are-dangerous-an-interview-with-kurt-vonnegut-part-three

42 *Truth is the point of comedy:* Eric Idle. Email reply to author, 8/21/19.

43 *I don't know if there is a God:* Silverman, Sarah, writer, performer. *A Speck of Dust*. Directed by Liam Lynch. Netflix Studios, Eleven Eleven O'Clock Productions, Jash Network, 2017.

44 *Religious people might think:* Adams, Tim. "Eddie Izzard: 'Everything I Do in Life is Trying to Get My Mother Back.'" *The Guardian*. 10 Sept 2017. www.theguardian.com/culture/2017/sep/10/eddie-izzard-trying-to-get-mother-back-victoria-and-abdul

45 *Since there is nothing:* Gervais, Ricky. "Does God Exist? Ricky Gervais Takes Your Questions." *The Wall Street Journal*. 22 Dec 2010. blogs.wsj.com/

speakeasy/2010/12/22/does-god-exist-ricky-gervais-takes-your-questions/

46   *the traditional sci - f i method of storytelling:* "Seth MacFarlane on Using
     Science Fiction to Explore Humanity." *Sean Carroll's Mindscape.* 5 Aug 2019.
     www.preposterousuniverse.com/podcast/2019/08/05/58-seth-macfarlane-
     on-using-science-fiction-to-explore-humanity/

47   *When Shakespeare figured:* Standish, David. "Kurt Vonnegut: The Playboy
     Interview." *Playboy.* 20 July 1973.

48   *There is but one truly serious philosophical problem:* Camus (1991), p. 3.

49   *So there's another barrel:* Vonnegut (2014), p. 64.

50   ***Because Philosophy like wine is better in French:*** Eric Idle. Email reply to
     author, 8/21/19.

51   ***It won the Grand Jury Prize in 1983:*** Eric Idle. Email reply to author,
     8/21/19.

52   *In a culture that needs caffeine f ree:* Gettelman, Elizabeth. "The MoJo
     Interview: Bill Maher." *Mother Jones.* September/October 2008. www.
     motherjones.com/media/2008/09/mojo-interview-bill-maher/

53   ***Well the point about science:*** Eric Idle. Email reply to author, 8/21/19.

54   *It's like the civil r ights movement:* Woods, Stacey Grenrock. "Hungover with
     Seth MacFarlane." *Esquire.* 18 Aug 2009. www.esquire.com/entertainment/
     movies/a6099/seth-macfarlane-interview-0909/

55   *I love science:* Vonnegut (2014), p. 59.

56   *We once had a memorial service:* Vonnegut (2014), p. 57.

57   *Science seeks the truth:* Gervais, Ricky. "Ricky Gervais: Why I'm an Atheist."
     The Wall Street Journal. 19 Dec 2010. blogs.wsj.com/speakeasy/2010/12/19/
     a-holiday-message-from-ricky-gervais-why-im-an-atheist/

58   *There is a rule in every major religion:* Izzard (2018), p. 335.

59   *"Do unto others...":* Gervais, Ricky. "Ricky Gervais: Why I'm an Atheist."
     The Wall Street Journal. 19 Dec 2010. blogs.wsj.com/speakeasy/2010/12/19/
     a-holiday-message-from-ricky-gervais-why-im-an-atheist/

60   *No ethicist has a problem:* Gettelman, Elizabeth. "The MoJo Interview: Bill
     Maher." *Mother Jones.* September/October 2008. www.motherjones.com/
     media/2008/09/mojo-interview-bill-maher/

61   *And that's where spirituality:* Gervais, Ricky. "Ricky Gervais: Why
     I'm an Atheist." *The Wall Street Journal.* 19 Dec 2010. blogs.wsj.com/
     speakeasy/2010/12/19/a-holiday-message-from-ricky-gervais-why-im-
     an-atheist/

62   *We are here on Earth:* Vonnegut (2007), p. 62.

63   **Maybe so. But of all the things:** Based on Camus (1991).

64 ***You should bring something:*** Turner, N.A. "Ricky Gervais on Chasing Your Dream, Doing the Work and Living a Creative Life." *Medium*. 4 Aug 2019. medium.com/swlh/ricky-gervais-on-chasing-your-dream-doing-the-work-and-living-a-creative-life-946684bd634d

65 **We must create both things and ideas:** Based on BBC Interview with Gerald Leach in Carroll (2013) p. 482; Monod (1971), p. xi.; Monod (1969).

66 ***It always comes back to us:*** Wooley, Charles. "When Charles Wooley met Ricky Gervais." *60 Minutes*. 2019. 9now.nine.com.au/60-minutes/charles-wooley-ricky-gervais-seriously-funny/1b49b447-bdd2-43c2-8238-b4c2ba287646

참고문헌과 더 읽어볼 책들

더 읽어볼 책들

자연과 인간사에서 우연과 불의가 행하는 역할은 지난 반세기 동안 여러 연구들을 통해 검토되었다. 이런 주제에 더 관심 있는 독자들에게 접근하기 쉽고 뛰어난 아래의 책들을 추천한다.

Alvarez, Walter. (2017) *A Most Improbable Journey: A Big History of Our Planet and Ourselves*. New York: W.W. Norton & Company.

Conway-Morris, Simon. (2003) *Life's Solution: Inevitable Humans in a Lonely Universe*. Cambridge: Cambridge University Press.

Dawkins, Richard. (1986) *The Blind Watchmaker: Why the Evidence of Evolution Reveals a Universe Without Design*. New York: W.W. Norton & Company.

Gould, Stephen Jay. (1989) *Wonderful Life: The Burgess Shale and the Nature of History*. New York: W.W. Norton & Company.

Losos, Jonathan. (2018) *Improbable Destinies: Fate, Chance, and the Future of Evolution*. New York: Riverhead Books.

Monod, Jacques. (1971) *Chance and Necessity: An Essay on the Natural Philosophy of Modern Biology*. New York: Alfred A. Knopf.

Taleb, Nassim Nicholas. (2004) *Fooled by Randomness: The Hidden Role of Chance in Life and the Markets*. New York: Random House.

참고문헌

ACIA (2004). *Impacts of a Warming Arctic: Arctic Climate Impact Assessment. ACIA Overview report.* Cambridge University Press.

Alexandersson, R. and S.D. Johnson. (2002) "Pollinator-Mediated Selection on Flower-Tube Length in a Hawkmoth-Pollinated Gladiolus (Iridaceae)." *Proceedings of the Royal Society B: Biological Sciences.* 269(1491): 631 - 636.

Alley, Richard B. (2000) "The Younger Dryas Cold Interval as Viewed from Central Greenland." *Quaternary Science Reviews.* 19: 213 - 226.

Alley, R.B., D.A. Meese, C.A. Shuman, et al. (1993) "Abrupt Increase in Greenland Snow Accumulation at the End of the Younger Dryas Event." *Nature.* 362: 527 - 529.

Alvarez, L., et al. (1980) "Extraterrestrial Cause for the Cretaceous-Tertiary Extinction: Experimental results and theoretical interpretation." *Science.* 208: 1095 - 1108.

Alvarez, Walter. (1997) *T. rex and the Crater of Doom.* Princeton, New Jersey: Princeton University Press.

Anagnostou, Eleni, Eleanor H. John, Kirsty M. Edgar, et al. (2016) "Changing Atmospheric CO2 Concentration was the Primary Driver of Early Cenozoic Climate." *Nature.* 533: 380 - 384.

Andersen, Kristian G., Andrew Rambaut, W. Ian Lipkin, et al. (2020) "The Proximal Origin of SARS-CoV-2." *Nature Medicine.* Published online. https://doi.org/10.1038/s41591-020-0820-9.

Arditti, Joseph, John Elliott, Ian J. Kitching, and Lutz T. Wasserthal. (2012) "'Good Heavens What Insect Can Suck It'—Charles Darwin, *Angraecum sesquipedale* and *Xanthopan morganii praedicta.*" *Botanical Journal of the Linnean Society.* 169: 403 - 432.

Armitage, P. and R. Doll. (1954) "The Age Distribution of Cancer and a MultiStage Theory of Carcinogenesis." *British Journal of Cancer.* 8(1): 1 - 12.

Artemieva, Natalia, Joanna Morgan, and Expedition 364 Science Party. (2017) "Quantifying the Release of Climate-Active Gases by Large Meteorite Impacts With a Case Study of Chicxulub." *Geophysical Research Letters.* 44(20): 10180 - 10188.

Baardsnes, Jason and Peter L. Davies. (2001) "Sialic Acid Synthase: The Origin of Fish Type III Antifreeze Protein?" *Trends in Biochemical Sciences.* 26(8): 468 - 469.

Babkin, Igor V. and Irina N. Babkina. (2015) "The Origin of the Variola Virus."

Viruses. 7: 1100 – 1112.

Barker, Stephen, Gregor Knorr, R. Lawrence Edwards, et al. (2011) "800,000 Years of Abrupt Climate Variability." *Science.* 334: 347 – 351.

Barlow, Emma Nora. (1963) "Darwin's Ornithological Notes." *Bulletin of the British Museum (Natural History) Historical Series.* 2: 201 – 273. Accessed: darwin-online.org.uk/content/frameset?itemID=F1577&viewtype=text&pages eq=1

Bax, Ben, Chun-wa Chung, and Colin Edge. (2017) "Getting the Chemistry Right: Protonation, Tautomers and the Importance of H Atoms in Biological Chemistry." *Acta Crystallographica Section D Structural Biology.* 73(Pt 2): 131 – 140.

Beatty, John. (2006) "Chance Variation: Darwin on Orchids." *Philosophy of Science.* 73(5): 629 – 641.

Beatson, K., M. Khorsandi, and N. Grubb. (2013) "Wolff – Parkinson – White Syndrome and Myocardial Infarction in Ventricular Fibrillation Arrest: A Case of Two One-Eyed Tigers." *QJM: An International Journal of Medicine.* 106(8): 755 – 757.

Bebenek, Katarzyna, Lars C. Pedersen, and Thomas A. Kunkel. (2011) "Replication Infidelity via a Mismatch with Watson-Crick Geometry." *Proceedings of the National Academy of Sciences.* 108(5): 1862 – 1867.

Behrensmeyer, Anna K., Richard Potts, and Alan Deino. (2018) "The Oltulelei Formation of the Southern Kenyan Rift Valley: A Chronicle of Rapid Landscape Transformation over the Last 500 k.y." *Geological Society of America Bulletin.* 130: 1474 – 1492.

Blattner, F.R., G. Plunkett 3rd, C.A. Bloch, et al. (1997) "The Complete Genome Sequence of *Escherichia coli* K-12." *Science.* 277(5331): 1453 – 1462.

Blois, Jessica L. and Elizabeth A. Hadly. (2009) "Mammalian Response to Cenozoic Climatic Change." *Annual Review of Earth and Planetary Sciences.* 37: 8.1 – 8.28.

Bolhuis, Johan, Ian Tattersall, Noam Chomsky, et al. (2014) "How Could Language Have Evolved." *PLoS Biology.* 12(8): e1001934.

Bouilhol, Pierre, Oliver Jagoutz, John M. Hanchar, and Francis O. Dudas. (2013) "Dating the India-Eurasia Collision Through Arc Magmatic Records." *Earth and Planetary Science Letters.* 366: 163 – 175.

Broecker, W.S. (1995) "Cooling the Tropics." *Nature.* 376: 212 – 213.

Broecker, W.S. (2015) "The Collision That Changed the World." *Elementa: Science of the Anthropocene.* 3. 000061. 10.12952/journal.elementa.000061.

Brooks, Alison S., John E. Yellen, Richard Potts, et al. (2018) "Long-Distance

Stone Transport and Pigment Use in the Earliest Middle Stone Age." *Science.* 360: 90 – 94.

Brown, Timothy Ray. (2015) "I Am the Berlin Patient: A Personal Reflection." *AIDS Research and Human Retroviruses.* 31(1): 2 – 3.

Brugger, Julia, Georg Feulner, and Stefan Petri. (2017) "Baby, It's Cold Outside: Climate Model Simulations of the Effects of the Asteroid Impact at the End of the Cretaceous." *Geophysical Research Letters.* 44: 419 – 427.

Brussatte, Stephen L., Jingmai K. O'Connor, and Erich D. Jarvis. (2015) "The Origin and Diversification of Birds." *Current Biology.* 25(19): R888-R898.

Campbell, Kevin L, Jason E. E. Roberts, Laura N. Watson, et al. (2010) "Substitutions in Woolly Mammoth Hemoglobin Confer Biochemical Properties Adaptive for Cold Tolerance." *Nature Genetics.* 42(6): 536 – 540.

Camus, Albert. (1991) *The Myth of Sisyphus and Other Essays.* Translated by Justin O'Brien, *Le Mythe de Sisyphe*, 1942. First Vintage International Edition, 1991. New York: Random House.

Cannon, Walter F. (1961) "The Impact of Uniformitarianism: Two Letters from John Herschel to Charles Lyell, 1836 – 1837." *Proceedings of the American Philosophical Society.* 105(3): 301 – 314.

Carroll, Sean B. (2013) *Brave Genius: A Scientist, A Philosopher, and Their Daring Adventures from the French Resistance to the Nobel Prize.* New York: Crown Publishers.

Carter, Andrew, Teal R. Riley, Claus-Dieter Hillenbrand, and Martin Rittner. (2017) "Widespread Antarctic Glaciation During the Late Eocene." *Earth and Planetary Science Letters.* 458: 49 – 57.

Clark, Luke, Andrew J. Lawrence, Frances Astley-Jones, and Nicola Gray. (2009) "Gambling Near-Misses Enhance Motivation to Gamble and Recruit Win-Related Brain Circuitry." *Neuron.* 61: 481 – 490.

Conrad, Donald F., Jonathan E.M. Keebler, Mark A. DePristo, et al. (2011) "Variation in Genome-Wide Mutation Rates Within and Between Human Families." *Nature Genetics.* 43(7): 712 – 714.

Croson, Rachel and James Sundali. (2005) "The Gambler's Fallacy and the Hot Hand: Empirical Data from Casinos." *The Journal of Risk and Uncertainty.* 30(3): 195 – 209.

Cuppy, Will. (1941) *How to Become Extinct.* New York: Dover Publications.

Darwin, Charles R. (1845) *Journal of Researches into the Natural History and Geology of the Countries Visited During the Voyage of H.M.S. Beagle Round the World.* London: Murray. 2d ed. Accessed: darwin-online.org.uk/content/frameset?itemID=F14&viewtype=text&pageseq=1

Darwin, Charles R. (1859) *On the Origin of Species by Means of Natural Selection, or the Preservation of Favoured Races in the Struggle for Life.* London: Murray. 1st ed. Accessed: darwin-online.org.uk/content/ frameset?itemID=F3 73&viewtype=text&pageseq=1

Darwin, Charles R. (1862) *On the Various Contrivances by Which British and Foreign Orchids are Fertilised by Insects.* London: John Murray.

Darwin, Charles R. (1868) *Variation of Animals and Plants Under Domestication.* New York: E.L. Godkin & Co. 1st ed., Volume 2. Accessed: darwin-online. org.uk/content/frameset?itemID=F877.2&viewtype=text&pageseq=1

Darwin, Charles R. (1887) *The Life and Letters of Charles Darwin: Including an Autobiographical Chapter.* Volume 1. Ed. Francis Darwin. London: John Murray.

Darwin, Charles R. (2001) *Charles Darwin's Beagle Diary.* Ed. Keynes. Cambridge: Cambridge University Press. Accessed: darwin-online.org.uk/ content/frameset?viewtype=text&itemID=F1925&pageseq=1

DeMarini, David M. (2004) "Genotoxicity of Tobacco Smoke and Tobacco Smoke Condensate: A Review." *Mutation Research.* 567: 447－474.

deMenocal, Peter B. (1995) "Plio-Pleistocene African Climate." *Science.* 270: 53－59.

Deng, Cheng, C.H. Christina Cheng, Hua Ye, et al. (2010) "Evolution of an Antifreeze Protein by Neofunctionalization Under Escape from Adaptive Conflict." *Proceedings of the National Academy of Sciences.* 107(50): 21593－21598.

Desmond, Adrian and James Moore. (1991) *Darwin: The Life of a Tormented Evolutionist.* New York: W.W. Norton & Co.

Ditlevsen, P.D., Katrine Krogh Andersen, A. Svensson. (2007) "The DO-Climate Events Are Probably Noise Induced: Statistical Investigation of the Claimed 1470 Years Cycle." *Climate of the Past.* 3(1): 129－134.

Etkind, Alexander. (2008) "Beyond Eugenics: The Forgotten Scandal of Hybridizing Humans and Apes." *Studies in History and Philosophy of Biological and Biomedical Sciences.* 39: 205－210.

Feng, Yan-Jie, David C. Blackburn, Dan Liang, et al. (2017) "Phylogenomics Reveals Rapid, Simultaneous Diversification of Three Major Clades of Gondwanan Frogs at the Cretaceous-Paleogene Boundary." *Proceedings of the National Academy of Sciences.* E5864－E5870.

Fiedel, S.J. (2011) "The Mysterious Onset of the Younger Dryas." *Quaternary International.* 242: 262－266.

Field, Daniel J., Antoine Bercovici, Jacob S. Berv, et al. (2018) "Early Evolution of Modern Birds Structured by Global Forest Collapse at the End Cretaceous Mass Extinction." *Current Biology*. 28: 1825 – 1831.

Fijalkowska, Iwona J., Roel M. Schaaper, and Piotr Jonczyk. (2012) "DNA Replication Fidelity in *Escherichia coli*: A Multi-DNA Polymerase Affair." *FEMS Microbiology Reviews*. 36: 1105 – 1121.

Filippelli, Gabriel M. and José-Abel Flores. (2009) "From the Warm Pliocene to the Cold Pleistocene: A Tale of Two Oceans." *The Geological Society of America*. 37(10): 959 – 960.

Furuse, Yuki, Akira Suzuki, and Hitoshi Oshitani. (2010) "Origin of Measles Virus: Divergence from Rinderpest Virus Between the 11th and 12th Centuries." *Virology Journal*. 7(52).

Gallala, Njoud, Dalila Zaghbib-Turki, Ignacio Arenillas, et al. (2009) "Catastrophic Mass Extinction and Assemblage Evolution in Planktic Foraminifera Across the Cretaceous/Paleogene (K/Pg) Boundary at Bidart (SW France)." *Marine Micropaleontology*. 72: 196 – 209.

Glanville, Jacob, Wenwu Zhai, Jan Berka, et al. (2009) "Precise Determination of the Diversity of a Combinatorial Antibody Library Gives Insight into the Human Immunoglobulin Repertoire." *Proceedings of the National Academy of Sciences*. 106(48): 20216 – 20221.

Goff, James, Catherine Chagué-Goff, Michael Archer, et al. (2012) "The Eltanin Asteroid Impact: Possible South Pacific Palaeomegatsunami Footprint and Potential Implications for the Pliocene-Pleistocene Transition." *Journal of Quaternary Science*. 27(7): 660 – 670.

Govindan, Ramaswamy, Li Ding, Malachi Griffith, et al. (2012) "Genomic Landscape of Non-Small Cell Lung Cancer in Smokers and Never Smokers." *Cell*. 150: 1121 – 1134.

Gowlett, J.A.J. (2016) "The Discovery of Fire by Humans: A Long and Convoluted Process." *Philosophical Transactions of the Royal Society of London B*. 371: 20150164.

Grech, Victor. (2002) "Unexplained Differences in Sex Ratios at Birth in Europe and North America." *BMJ*. 324: 1010 – 1011.

Green, Adèle C., Gail M. Williams, Valerie Logan, and Geoffrey M. Strutton. (2011) "Reduced Melanoma After Regular Sunscreen Use: Randomized Trial Follow-Up." 29(3): 257 – 263.

Greenland Ice-Core Project (GRIP) Members. (1993) "Climate Instability During the Last Interglacial Period Recorded in the GRIP Ice Core." *Nature*. 364: 203 – 207.

Gulick, Sean P.S., Timothy J. Bralower, Jens Ormö, et al. (2019) "The First Day of the Cenozoic." *Proceedings of the National Academy of Sciences.* 116(39): 19342 – 19351.

Hansen, James E. and Makiko Sato. (2012) "Climate Sensitivity Estimated from Earth's Climate History." *NASA Goddard Institute for Space Studies and Columbia University Earth Institute.* 1 – 19.

Hansen, James, Makiko Sato, Gary Russell, and Pushker Kharecha. (2013) "Climate Sensitivity, Sea Level and Atmospheric Carbon Dioxide." *Philosophical Transactions of the Royal Society A.* 371: 20120294.

Hardy, Kathy and Philip John Hardy. (2015) "1st Trimester Miscarriage: Four Decades of Study." *Translational Pediatrics.* 4(2): 189 – 200.

Hawkes, Lucy A., Sivananinthaperumal Balachandran, Nyambayar Batbayar, et al. (2011) "The Trans-Himalayan Flights of Bar-Headed Geese (*Anser indicus*)." 108(23): 9516 – 9519.

Hayman, David, David Michaelis, George Plimpton, and Richard Rhodes. (1977) "Kurt Vonnegut, The Art of Fiction No. 64." *The Paris Review.* 69. www. theparisreview.org/interviews/3605/kurt-vonnegut -the-art-of-fiction-no-64-kurt-vonnegut

Hedges, S. Blair, Julie Marin, Michael Suleski, et al. (2015) "Tree of Life Reveals Clock-Like Speciation and Diversification." *Molecular Biology and Evolution.* 32(4): 835 – 845.

Henehan, Michael J., Andy Ridgwell, Ellen Thomas, et al. (2019) "Rapid Ocean Acidification and Protracted Earth System Recovery Followed the End Cretaceous Chicxulub Impact." *Proceedings of the National Academy of the Sciences.* 201905989; DOI: 10.1073/pnas.1905989116.

Hildebrand, A.R. (1991) "Chicxulub Crater: A Possible Cretaceous/Tertiary Boundary Impact Crater on the Yucatán Peninsula, Mexico." *Geology.* 19: 867 – 871.

Hren, Michael T., Nathan D. Sheldon, Stephen T. Grimes, et al. (2013) "Terrestrial Cooling in Northern Europe During the Eocene-Oligocene Transition." *Proceedings of the National Academy of Sciences.* 110(19): 7562 – 7567.

Huang, Kai, Shijun Ge, Wei Yi, et al. (2019) "Interactions of Unstable Hemoglobin Rush with Thalassemia and Hemoglobin E Result in Thalassemia Intermedia." *Hematology.* 24(1): 459 – 466.

Hughes, David W. (2003) "The Approximate Ratios Between the Diameters of Terrestrial Impact Craters and the Causative Incident Asteroids." *Monthly Notices of the Royal Astronomical Society.* 338: 999 – 1003.

Huff, Darrell and Irving Geis. (1959) *How to Take a Chance.* New York: W.W.Norton.

Hummel, S., D. Schmidt, B. Kremeyer, et al. (2005) "Detection of the CCR5-Δ32 HIV Resistance Gene in Bronze Age Skeletons." *Genes and Immunity*. 6: 371–374.

Idle, Eric. (2018) *Always Look on the Bright Side of Life: A Sortabiography*. New York: Crown Archetype.

Iossifov, Ivan, Brian J. O'Roak, Stephan J. Sanders, et al. (2014) "The Contribution of De Novo Coding Mutations to Autism Spectrum Disorder." *Nature*. 515: 216–221.

Izzard, Eddie. (2018) *Believe Me: A Memoir of Love, Death and Jazz Chickens*. London: Michael Joseph.

Jarvis, Erich D., Siavash Mirarab, Andre J. Aberer, et al. (2014) "Whole Genome Analyses Resolve Early Branches in the Tree of Life of Modern Birds." *Science*. 346 (6215): 1320–1331.

Jessen, Timm-H., Roy E. Weber, Giulio Fermi, et al. (1991) "Adaptation of Bird Hemoglobins to High Altitudes: Demonstration of Molecular Mechanism by Protein Engineering." *Proceedings of the National Academy of Sciences*. 88: 6519–6522.

Johnson, Curtis. (2015) *Darwin's Dice: The Idea of Chance in the Thought of Charles Darwin*. Oxford: Oxford University Press.

Jónsson, Hákon, Patrick Sulem, Birte Kehr, et al. (2017) "Parental Influence on Human Germline De Novo Mutations in 1,548 Trios from Iceland." *Nature*. 549: 519–522.

Jungersen, Christian. (2013) *You Disappear*. Translated from Danish by Misha Hoekstra. Anchor Books.

Kaiho, Kunio and Naga Oshima. (2017) "Site of Asteroid Impact Changed the History of Life on Earth: The Low Probability of Mass Extinction." *Scientific Reports*. 7: 14855.

Kennett, J.P. and L.D. Stott. (1991) "Abrupt Deep-Sea Warming, Palaeoceanographic Changes and Benthic Extinctions at the End of the Palaeocene." *Nature*. 353: 225–229.

Kimsey, Isaac J., Katja Petzold, Bharathwaj Sathyamoorthy, et al. (2015) "Visualizing Transient Watson-Crick-like Mispairs in DNA and RNA Duplexes." *Nature*. 519: 315–320.

Kimsey, Isaac J, Eric S. Szymanski, Walter J. Zahurancik, et al. (2018) "Dynamic Basis for dG • dT Misincorporation via Tautomerization and Ionization." 554: 195–201.

King, Philip Parker. (1839) *The Narrative of the Voyages of H.M. Ships* Adventure *and* Beagle. London: Colburn. 1st ed. 3 volumes & appendix: *Proceedings of* the First Expedition, 1826–30. Accessed: darwin-online.org.uk/content/ frame set?itemID=F10.1&viewtype=text&pageseq=1

Koch, Paul L. and Anthony D. Barnosky. (2006) "Late Quaternary Extinctions: State of the Debate." *Annual Review of Ecology, Evolution, and Systematics.* 37: 215–250.

Kumar, Prakash, Xiaohui Yuan, M. Ravi Kumar, et al. (2007) "The Rapid Drift of the Indian Tectonic Plate." *Nature.* 449: 894–897.

Lacis, Andrew A, Gavin A. Schmidt, David Rind, and Reto A. Ruedy. (2010) "Atmospheric CO2: Principal Control Knob Governing Earth's Temperature." *Science.* 330: 356–359.

Leakey, L.S.B. (1974) *By the Evidence: Memoirs, 1932–1951.* New York: Harcourt Brace Janovich.

Lederberg, Joshua and Esther M. Lederberg. (1952) "Replica Plating and Indirect Selection of Bacterial Mutants." *Journal of Bacteriology.* 63(3): 399–406.

Lewis, John. (1974) *Beyond Chance and Necessity: A Critical Inquiry into Professor Jacques Monod's Chance and Necessity.* London: The Teilhard Centre for the Future of Man.

Liu, Rong, William A. Paxton, Sunny Shoe, et al. (1996) "Homozygous Defect in HIV-1 Coreceptor Accounts for Resistance of Some Multiply-Exposed Individuals to HIV-1 Infection." *Cell.* 86: 367–377.

Lohmann, Johannes and Peter D. Ditlevsen. (2018) "Random and Externally Controlled Occurrences of Dansgaard–Oeschger Events." *Climate of the Past.* 14: 609–617.

Longrich, N.R., J. Scriberas, and M.A. Wills. (2016) "Severe Extinction and Rapid Recovery of Mammals Across the Cretaceous–Palaeogene Boundary, and the Effects of Rarity on Patterns of Extinction and Recovery." *Journal of Evolutionary Biology.* 29: 1495–1512.

Lydekker, Richard. (1904) *Library of Natural History, Vol III.* Saalfield Publishing Company: Akron, OH.

Lyson, T.R., I.M. Miller, A.D. Bercovici, et al. (2019) "Exceptional Continental Record of Biotic Recovery After the Cretaceous–Paleogene Mass Extinction." *Science.* 366(6468): 977–983.

Marin, Julie, Giovanni Rapacciuolo, Gabriel C. Costa, et al. (2018) "Evolutionary Time Drives Global Tetrapod Diversity." *Proceedings of the Royal Society B.* 285: 20172378.

Martincorena, Iñigo, Amit Roshan, Moritz Gerstung, et al. (2015) "High Burden and Pervasive Positive Selection of Somatic Mutations in Normal Human Skin." *Science.* 348(6237): 880–886.

Martínez-Botí, M.A., G.L. Foster, T.B. Chalk, et al. (2015) "Plio-Pleistocene Climate Sensitivity Evaluated Using High-Resolution CO2 Records." *Nature*. 518: 49 – 54.

Maslin, Mark A., Chris M. Brierley, et al. (2014) "East African Climate Pulses and Early Human Evolution." *Quaternary Science Reviews*. 101: 1 – 17.

Mayewski, P.A., L.D. Meeker, S. Whitlow, et al. (1993) "The Atmosphere During the Younger Dryas." *Science*. 261(5118): 195 – 197.

Mazrouei, Sara, Rebecca R. Ghent, William F. Bottke, et al. (2019) "Earth and Moon Impact Flux Increased at the End of the Paleozoic." *Science*. 363 (6424): 253 – 257.

McInerney, Francesca A. and Scott L. Wing. (2011) "The Paleocene-Eocene Thermal Maximum: A Perturbation of Carbon Cycle, Climate, and Biosphere with Implications for the Future." *Annual Review of Earth and Planetary Sciences*. 39: 489 – 516.

Mohd, Hamzah A., Jaffar A. Al-Tawfiq, and Ziad A. Memish. (2016) "Middle East Respiratory Syndrome Coronavirus (MERS-CoV) Origin and Animal Reservoir." *Virology Journal*. 13(87).

Monod, Jacques. (1969) "On Values in the Age of Science." In *The Place of Value in a World of Facts: Proceedings of the Fourteenth Nobel Symposium Stockholm, September 15–20, 1969.* Edited by Arne Tiselius and Sam Nilsson, 19 – 27. New York: Wiley Interscience Division.

Monod, Jacques. (1971) *Chance and Necessity*. Translated from the French by Austryn Wainhouse. New York: Alfred A. Knopf.

Muchhala, Nathan. (2006) "Nectar Bat Stows Huge Tongue in its Rib Cage." *Nature*. 444: 701 – 702.

Muchhala, Nathan and James D. Thomson. (2009) "Going to Great Lengths: Selection for Long Corolla Tubes in an Extremely Specialized Bat-Flower Mutualism." *Proceedings of the Royal Society B*. 276: 2147 – 2152.

Nei, Masatoshi. (2013) *Mutation-Driven Evolution*. Oxford: Oxford University Press.

Nordling, C.O. (1953) "A New Theory on Cancer-Inducing Mechanism." *British Journal of Cancer*. 7(1): 68 – 72.

Nowell, P.C. (1976) "The Clonal Evolution of Tumor Cell Populations." *Science*. 194(4260): 23 – 28.

O'Leary, Maureen A., Jonathan I. Bloch, John J. Flynn, et al. (2013) "The Placental Mammal Ancestor and the Post-K-Pg Radiation of Placentals." *Science*. 339(6120): 662 – 667.

Peacocke, Arthur. (1993) *Theology for a Scientific Age: Being and Becoming*

Natural, Divine and Human. Minneapolis: Fortress Press.

Pimiento, Catalina, John N. Griffin, Christopher F. Clements, et al. (2017) "The Pliocene Marine Megafauna Extinction and Its Impact on Functional Diversity." *Nature Ecology & Evolution.* 1: 1100–1106.

Pincock, Stephen. (2013) "Stephen Lyon Crohn." *The Lancet.* 382(9903): 1480. Potts, Richard. (2013) "Hominin Evolution in Settings of Strong Environmental Variability." *Quaternary Science Reviews.* 73: 1–13.

Potts, Richard, Anna K. Behrensmeyer, J. Tyler Faith, et al. (2018) "Environmental Dynamics During the Onset of the Middle Stone Age in Eastern Africa." *Science.* 360: 86–90.

Rehan, Sandra M., Remko Leys, Michael P. Schwarz. (2013) "First Evidence for a Massive Extinction Event Affecting Bees Close to the K–T Boundary." *PLoS ONE.* 8(10): e76683.

Roach, Jared C., Gustavo Glusman, Arian F.A. Smit, et al. (2010) "Analysis of Genetic Inheritance in a Family Quartet by Whole–Genome Sequencing." *Science.* 328: 636–639.

Robertson, Douglas S., Malcolm C. McKenna, Owen B. Toon, et al. (2004) "Survival in the First Hours of the Cenozoic." *GSA Bulletin.* 116(5–6): 760–768.

Robertson, Douglas S., William M. Lewis, Peter M. Sheehan, and Owen B. Toon. (2013) "K–Pg Extinction: Reevaluation of the Heat–Fire Hypothesis." *Journal of Geophysical Research: Biogeosciences.* 118: 329–336.

Rodgers, Joseph Lee and Debby Doughty. (2001) "Does Having Boys or Girls Run in the Family?" *Chance.* 14(4): 8–13.

Rossiianov, Kirill. (2002) "Beyond Species: Il'ya Ivanov and His Experiments on Cross–Breeding Humans with Anthropoid Apes." *Science in Context.* 15(2): 277–316.

Rozhok and DeGregori (2019). "A Generalized Theory of Age–Dependent Carcinogenesis." *Cancer Biology.* eLife.39950.

Samet, Jonathan M., Erika Avila–Tang, Paolo Boffetta, et al. (2009) "Lung Cancer in Never Smokers: Clinical Epidemiology and Environmental Risk Factors." *Clinical Cancer Research.* 15(18): 5626–5645.

Sandin, S., D. Schendel, P. Magnusson, et al. (2016) "Autism Risk Associated with Parental Age and with Increasing Difference in Age Between the Parents." *Molecular Psychiatry.* 21: 693–700.

Schaller, Morgan F., Megan K. Fung, James D. Wright, et al. (2016) "Impact Ejecta at the Paleocene–Eocene Boundary." *Science.* 354(6309): 225–229.

Schaller, Morgan F. and Megan K. Fung. (2018) "The Extraterrestrial Impact Evidence at the Palaeocene–Eocene Boundary and Sequence of Environmental

Change on the Continental Shelf." *Philosophical Transactions of the Royal Society A*. 376:20170081.

Schoffeniels, Ernest. (1976) *Anti-Chance: A Reply to Monod's Chance and Necessity*. Translated by B.L. Reid. Oxford: Pergamon Press.

Schulte, P., et al. (2010) "The Chicxulub Asteroid Impact and Mass Extinction at the Cretaceous-Paleogene Boundary." *Science*. 327: 1214 – 1218.

Secord, James A. (1981) "Nature's Fancy: Charles Darwin and the Breeding of Pigeons." *Isis*. 72(2): 162 – 186.

Shapiro, Michael D., Zev Kronenberg, Cai Li, et al. (2013) "Genomic Diversity and Evolution of the Head Crest in the Rock Pigeon." *Science*. 339(6123): 1063 – 1067.

Sharp, Paul M. and Beatrice H. Hahn. (2011) "Origins of HIV and the AIDS Pandemic." *Cold Spring Harbor Perspectives in Medicine*. 1: a006841.

Smit, J. (1999) "The Global Stratigraphy of the Cretaceous-Tertiary Boundary Impact Ejecta." *Annual Review of Earth Planet Sciences*. 27: 75 – 113.

Smit, J. and Hertogen, J. (1980) "An Extraterrestrial Event at the Cretaceous Tertiary Boundary." *Nature*. 285: 198 – 200.

Snyder, Carolyn W. (2016) "Evolution of Global Temperature Over the Past Two Million Years." *Nature*. 538: 226 – 228.

Solloch, Ute V., Kathrin Lang, Vinznez Lange, et al. (2017) "Frequencies of Gene Variant Ccr5-Δ32 in 87 Countries Based on Next-Generation Sequencing of 1.3 Million Individuals Sampled from 3 National DKMS Donor Centers." *Human Immunology*. 78: 710 – 717.

Song, Huai-Dong, Chang-Chu Tu, Guo-Wei Zhang, et al. (2005) "Cross-Host Evolution of Severe Acute Respiratory Syndrome Coronavirus in Palm Civet and Human." *PNAS*. 102(7): 2430 – 2435.

Sproul, R.C. (1994) *Not a Chance: The Myth of Chance in Modern Science and Cosmology*. Grand Rapids, Michigan: Baker Academic.

Storz, Jay F. (2016) "Hemoglobin-Oxygen Affinity in High-Altitude Vertebrates: Is There Evidence for an Adaptive Trend?" *Journal of Experimental Biology*. 219: 3190 – 3203.

Sulloway, Frank J. (1982) "Darwin's Conversion: The Beagle Voyage and Its Aftermath." *Journal of the History of Biology*. 15(3): 325 – 396.

Tierney, Jessica E., Francesco S.R. Pausata, Peter B. deMenocal. (2017) "Rainfall Regimes of the Green Sahara." *Science Advances*. 3: e1601503.

Twain, Mark. (1935) *Mark Twain's Notebook*. New York: Harper & Bros. USGS. (2015) "The Himalayas: Two Continents Collide." U.S. Geological Survey. pubs.usgs.gov/publications/text/himalaya.html

Vajda, Vivi and Antoine Bercovici. (2014) "The Global Vegetation Pattern Across the Cretaceous-Paleogene Mass Extinction Interval: A Template for Other Extinction Events." *Global and Planetary Change.* 122: 29 – 49.

Van Der Ryst, Elna. (2015) "Maraviroc—a CCR5 antagonist for the treatment of HIV-1 Infection." *Frontiers in Immunology.* 6(277): 1 – 4.

Van Wyhe, John. (2002). Editor. *The Complete Work of Charles Darwin Online.* www.darwin-online.org.uk.

Van Wyhe, John. (2007) "Mind the Gap: Did Darwin Avoid Publishing His Theory for Many Years?" *Notes and Records of the Royal Society.* 61: 177 – 205.

Varki, Ajit and Tasha K. Altheide. (2005) "Comparing the Human and Chimpanzee Genomes: Searching for Needles in a Haystack." *Genome Research.* 15: 1746 – 1758.

Vikrey, Anna I., Eric T. Domyan, Martin P. Horvath, and Michael D. Shapiro. (2015) "Convergent Evolution of Head Crests in Two Domesticated Columbids Is Associated with Different Missense Mutations in EphB2." *Molecular Biology and Evolution.* 32(10): 2657 – 2664.

Vogelstein, Bert, Nickolas Papadopoulos, Victor E. Velculescu, et al. (2013) "Cancer Genome Landscapes." *Science.* 339(6127): 1546 – 1558.

Vonnegut, Kurt. (1950) *Welcome to the Monkey House: A Collection of Short Works.* New York: Dial Press Trade Paperbacks. Vonnegut, Kurt. (1998) *Timequake.* London: Vintage.

Vonnegut, Kurt. (1999) *God Bless You, Dr. Kevorkian.* Washington Square Press, Pocket Books: New York.

Vonnegut, Kurt. (2007) *A Man Without a Country.* New York: Random House.

Vonnegut, Kurt. (2009) *The Sirens of Titan.* New York: Dial Press Trade Paperbacks.

Vonnegut, Kurt. (2010) *Cat's Cradle.* New York: Dial Press Trade Paperbacks.

Vonnegut, Kurt. (2010) *Slapstick or Lonesome No More!* New York: Dial Press Trade Paperbacks.

Vonnegut, Kurt. (2014) *If This Isn't Nice, What Is?: Advice to the Young.* New York: Seven Stories Press.

Wain, Louise V., Elizabeth Bailes, Frederic Bibollet-Ruche, et al. (2007) "Adaptation of HIV-1 to Its Human Host." *Molecular Biology and Evolution.* 24(8): 1853 – 1860.

Walter, Christi A., Gabriel W. Intano, John R. McCarrey, C. Alex McMahan, and Ronald B. Walter. (1998) "Mutation Frequency Declines During Spermatogenesis in Young Mice but Increases in Old Mice." *Proceedings of the National Academy of Sciences.* 95: 10015 – 10019.

Ward, Keith. (1996) *God, Chance and Necessity*. Oxford: Oneworld Publications.

Wang, Jianbin, H. Christina Fan, Barry Behr, and Stephen R. Quake. (2012) "Genome-wide Single-Cell Analysis of Recombination Activity and De Novo Mutation Rates in Human Sperm." *Cell*. 150: 402–412.

Wang, Weina, Homme W. Hellinga, and Lorena S. Beese. (2011) "Structural Evidence for the Rare Tautomer Hypothesis of Spontaneous Mutagenesis." *Proceedings of the National Academy of Sciences*. 108(43): 17644–17648.

Watson, J.D. and F.H.C. Crick. (1953a) "Molecular Structure of Nucleic Acids: A Structure for Deoxyribose Nucleic Acid." *Nature*. 171(4356): 737–738.

Watson, J.D. and F.H.C. Crick. (1953b) "Genetical Implications of the Structure of Deoxyribonucleic Acid." *Nature*. 171(4361): 964–967.

Watson, J.D. and F.H.C. Crick. (1953c) "The Structure of DNA." *Cold Spring Harbor Symposia on Quantitative Biology*. 18: 123–131.

Watson, J.D. (1980) *The Double Helix: A Personal Account of the Discovery of the Structure of DNA*. New York: W.W. Norton & Company.

Watts, Caroline G., Martin Drummond, Chris Goumas, et al. (2018) "Sunscreen Use and Melanoma Risk Among Young Australian Adults." *JAMA Dermatology*. 154(9): 1001–1009.

Weart, Spencer. (2003) "The Discovery of Rapid Climate Change." *Physics Today*. 56(8): 30–36.

Wing, Scott L., Guy J. Harrington, Francesca A. Smith, et al. (2005) "Transient Floral Change and Rapid Global Warming at the Paleocene-Eocene Boundary." *Science*. 310: 993–996.

Zhang, Tao, Qunfu Wu, and Zhingang Zhang. (2020) "Probable Pangolin Origin of SARS-CoV-2 Associated with the COVID-19 Outbreak." *Current Biology*. 30: 1–6.

Zhu, Xiaojia, Yuyan Guan, Anthony V. Signore, et al. (2018) "Divergent and Parallel Routes of Biochemical Adaptation in High-Altitude Passerine Birds from the Qinghai-Tibet Plateau." *Proceedings of the National Academy of Sciences*. 115(8): 1865–1870.

Zhu, Yuan O., Mark L. Siegal, David W. Hall, and Dmitri A. Petrov. (2014) "Precise Estimates of Mutation Rate and Spectrum in Yeast." *Proceedings of the National Academy of Sciences*. 111: E2310–2318.

찾아보기

옮긴이 장호연

서울대학교 미학과와 음악학과 대학원을 졸업하고, 음악과 과학, 문학 분야를 넘나드는 번역가로 활동 중이다. 『뮤지코필리아』, 『스스로 치유하는 뇌』, 『기억의 과학』, 『사라진 세계』, 『리얼리티 버블』, 『시모어 번스타인의 말』, 『슈베르트의 겨울 나그네』, 『죽은 자들의 도시를 위한 교향곡』, 『베토벤 심포니』, 『하얗고 검은 어둠 속에서』, 『클래식의 발견』, 『고전적 양식』 등을 우리말로 옮겼다.

우연이 만든 세계

초판 1쇄 발행 2022년 4월 10일
초판 2쇄 발행 2022년 6월 5일

지은이 션 B. 캐럴
옮긴이 장호연

펴낸이 김태균
펴낸곳 코쿤북스
등록 제2019-000006호
주소 서울특별시 서대문구 증가로25길 22 401호
ISBN 979-11-969992-9-2 03400

• 책값은 뒤표지에 표시되어 있습니다.
• 잘못된 책은 구입하신 서점에서 교환해 드립니다.

• 책으로 펴내고 싶은 아이디어나 원고를 이메일(cocoonbooks@naver.com)로 보내주세요. 코쿤북스는 여러분의 소중한 경험과 생각을 기다리고 있습니다. ☺